烹饪教程真人秀

下厨必备的

爽口凉菜分步图解

甘智荣 主编

吉林科学技术出版社

图书在版编目（CIP）数据

下厨必备的爽口凉菜分步图解 / 甘智荣主编 . --
长春：吉林科学技术出版社，2015.7
（烹饪教程真人秀）
ISBN 978-7-5384-9535-5

Ⅰ . ①下… Ⅱ . ①甘… Ⅲ . ①凉菜－菜谱－图解
Ⅳ . ① TS972.121-64

中国版本图书馆 CIP 数据核字（2015）第 165824 号

下厨必备的爽口凉菜分步图解

Xiachu Bibei De Shuangkou Liangcai Fenbu Tujie

主　　编　甘智荣
出 版 人　李　梁
责任编辑　李红梅
策划编辑　朱小芳
封面设计　郑欣媚
版式设计　谢丹丹
开　　本　723mm×1020mm　1/16
字　　数　220千字
印　　张　16
印　　数　10000册
版　　次　2015年9月第1版
印　　次　2015年9月第1次印刷

出　　版　吉林科学技术出版社
发　　行　吉林科学技术出版社
地　　址　长春市人民大街4646号
邮　　编　130021
发行部电话/传真　0431-85635177　85651759　85651628
　　　　　　　　　　85677817　85600611　85670016
储运部电话　0431-84612872
编辑部电话　0431-86037576
网　　址　www.jlstp.net
印　　刷　深圳市雅佳图印刷有限公司

书　　号　ISBN 978-7-5384-9535-5
定　　价　29.80元

目录
contents

PART 1　凉菜知识

PART 2　清新素菜

PART 3 爽口肉菜

PART 4　鲜香水产

PART 5　美味沙拉

PART 1
凉菜
知识

凉菜爽滑可口，营养健康，老少皆宜，深受大众喜爱。大部分的凉菜作法都比较简单，但要做出一道上好的凉菜，却并不简单。凉菜作法多样，风味不一，本章是制作凉菜的基本知识，详细介绍常见的适用食材、制作方法、调料、注意事项等，让您多方面了解凉菜制作的内容，做出称心如意的凉菜。

凉菜食材选取原则

凉菜清新爽口，做法简单而且营养价值高，很受人们的青睐，但并不是所有的食材都适合做凉菜，选择制作凉菜的食材也要根据时节、气候而定，才能符合人体所需。

◎春季宜选食材

春季冷热交替，气温变化多端，以调养脾胃、增强体质为饮食重点。早春比较寒冷，宜适当补充高热量高蛋白的食物，增强抵抗能力。晚春逐渐变暖，细菌滋生，宜选择抗病毒食物，补充维生素和无机盐。另外，春季多雨，要注意祛湿排毒。

下面为大家介绍一些适合在春季制作凉菜的食材。

黄豆富含蛋白质、卵磷脂、异黄酮素、钙、锌、铁等营养成分，可以为人体提供大量的热量和蛋白质，促进人体内的新陈代谢，有效增强身体的抵抗能力。黄豆有"田中之肉"、"植物蛋白之王"等赞誉，在数百种天然食物中最受营养学家推崇。

山药内含淀粉酶消化素，可以分解蛋白质和糖，有减肥轻身的作用。对于体瘦者，山药含有丰富的蛋白质以及淀粉等营养，又可增胖。这种具有双重调节的功能，使山药获得"身体保持使者"之美称。经常食用山药能提高免疫力，消除虚弱与疲劳，改善精神状态。

大枣富含蛋白质、有机酸、多种维生素等营养成分，有补中益气、养血安神的功效，可用于脾胃虚弱、贫血虚寒、肠胃病、食欲不振等症，被国家卫生部公布为法定的药食两用食物。

胡萝卜营养丰富，含较多的胡萝卜素、糖、钙等营养物质，有诸多保健功效，被誉为"小人参"。胡萝卜提供的维生素A，可促进机体正常生长与繁殖。胡萝卜还能健脾、化滞，它的芳香气味是挥发油造成的，能增进消化，并有杀菌作用。

芦笋所含蛋白质、碳水化合物、多种维生素和微量元素的质量优于普通蔬菜，还富含天门冬素与钾，有利尿祛湿的作用，可促进毒素排出，改善身体内部环境。

扁豆的营养丰富，含蛋白质、脂肪、糖类、碳水化合物、多种维生素等营养成分，能健脾和中、清热解毒、除湿止泻，适用于脾胃虚弱、便溏腹泻、体倦乏力、水肿、呕吐、腹泻等多种病症。

黄豆芽具有清热的功效，有利于肝气疏通、健脾和胃。春天是维生素B_2缺乏症的多发季节，多吃些黄豆芽可以有效防治维生素B_2缺乏症。而绿豆芽可清热解毒、利尿除湿、解酒毒热毒，常吃绿豆芽，还可以起到清肠胃、解热毒、洁牙齿的作用。

油麦菜富含维生素、钙、铁、蛋白质、脂肪等营养成分，具有降低胆固醇、缓解神经衰弱、清燥润肺、化痰止咳等功效，是一种低热量、高营养的蔬菜。油麦菜中含有一种特色物质甘露醇，能够起到促进血液循环和利尿的作用。春季食油麦菜有良好的保健作用。

◎夏季宜选食材

夏天气候湿热，人体出汗较多，加上喜欢吃冰寒的食物，很容易伤脾胃从而导致食欲不振，四肢乏力，应以清淡、苦寒或酸味、有营养、易消化的食物为佳。另外，夏季也是各种病菌的活跃期，在制作凉拌菜时应适当加入一些可以杀菌的配料，如大蒜、韭菜、葱、洋葱等。

下面为大家推荐一些夏季适合制作凉拌菜的食材。

芹菜的叶、茎含有挥发性物质，别具芳香气味，闻之能增强人的食欲。而且芹菜中含有大量的粗纤维，可刺激胃肠蠕动，促进废物排出，清理肠道。此外，芹菜含铁丰富，可预防缺铁性贫血。所以，在夏季吃芹菜有利于肠胃健康，防治疾病。因芹菜在炒熟后营养功效会降低，因此最好凉拌，可最大限度地保存营养。

莲藕富含铁、维生素C和膳食纤维，在中医上，生藕能消淤清热、除烦解渴、止血健胃，熟藕则能补心生血、健脾开胃、滋养强壮。在夏季，莲藕可以消暑清热，是良好的祛暑食物。

夏季多吃些冬瓜，不但解渴消暑、利尿，还可使人免生疔疮。因其利尿，且含钠极少，所以是慢性肾炎水肿、营养不良性水肿、孕妇水肿的消肿佳品。冬瓜还含有多种维生素和人体所必需的微量元素，可调节人体的代谢平衡。

丝瓜有清热利肠、凉血解毒、活络通经、解暑热、消烦渴等功效，含防止皮肤老化的维生素B_1和增白皮肤的维生素C等成分，能保护皮肤、消除斑块，使皮肤洁白、细嫩，是不可多得的美容佳品，故丝瓜汁有"美人水"之称，是夏日美容保健的佳品。

苦瓜所含蛋白质、脂肪、碳水化合物在瓜类蔬菜中含量较高，特别是维生素C的含量，每100克高达84毫克，约为冬瓜的5倍、黄瓜的14倍、南瓜的21倍，居瓜类之冠。此外，苦瓜可祛热解乏、清心明目，夏季食用还能增进食欲、排除体内毒素，促进肠胃健康，胜似进补。

常食金针菇能降低胆固醇，预防肝脏疾病和肠胃道溃疡，增强机体正气，防病健身，并能有效地增强机体的生物活性，促进体内新陈代谢，有利于食物中各种营养素的吸收和利用。夏天食用金针菇可以保健肠胃，从而使身体强健。

西红柿含有丰富的钙、磷、铁、胡萝卜素及B族维生素和维生素C，生熟皆能食用，味微酸适口，能生津止渴、健胃消食，故对止渴、食欲不振有很好的辅助治疗作用。西红柿还有美容效果，常吃具有使皮肤细滑白皙的作用，可延缓衰老，所以西红柿也是夏日保健美容的佳品之一。

洋葱富含硒，具有清除自由基、阻止致癌物质形成的作用，常食可以大大降低癌症的发生率。而且洋葱可以软化血管、延缓细胞衰老、利尿祛湿、消炎杀菌等，有助于保护人体健康，在夏季食用有良好的保健作用。

◎秋季宜选食材

秋季天高气爽、气候干燥，容易伤肺，因此秋季期间最易出现口鼻目干、皮肤粗糙、大便秘结等现象。所以秋季选取食材宜以甘平为主，少燥多润，少寒多温，并做到营养均衡。

猪肉营养丰富，蛋白质含量高，还含有丰富的脂肪、维生素B$_1$、钙、磷、铁等成分，具有补肾养血、滋阴润燥、丰肌泽肤等功效，可以缓解秋季干燥对人体的影响。

黄瓜含有人体生长发育和生命活动所必需的多种糖类和氨基酸，含有丰富的维生素以及水分，是美容的瓜菜，经常食用可起到滋润身体，延缓皮肤衰老的作用。

西蓝花有很好的抗癌防癌作用，对杀死导致胃癌的幽门氏螺旋菌具有神奇功效。而且西蓝花有爽喉、开音、润肺、止咳的功效，因此被称为"天赐的良药"和"穷人的医生"。因此，秋季吃西蓝花，可以有效保健身体。

莴笋中含有一定量的微量元素锌、铁，钾离子的含量也很丰富，是钠盐含量的27倍，有利于调节体内盐的平衡，保持体液环境正常。另外，莴笋还有增进食欲、刺激消化液分泌、促进胃肠蠕动等功能。

茭白富含蛋白质、脂肪、多种矿物质和维生素、氨基酸等营养成分，能除烦利尿、清热解毒、催乳降压，而且茭白所含粗纤维能促进肠道蠕动，预防便秘及肠道疾病。秋季食用茭白有利于促进肠胃健康，滋阴润燥。

芋头有益胃宽肠、通便解毒、补益肝肾、散结、调节中气等功用，其所含黏液质、纤维质能修复滋润黏膜、增加体内保水度及帮助肠胃蠕动。芋头中还有一种天然的多糖类高分子植物胶体，有很好的止泻作用，并能增强人体的免疫功能。

花生含有大量的碳水化合物、多种维生素以及卵磷脂和钙、铁等多种微量元素，具有醒脾和胃、润肺化痰、滋养调气、降低血液胆固醇、延缓人体衰老、增强记忆力等作用，常食对人体有益。

百合主要含生物素、秋水碱等多种生物碱和营养物质，有良好的营养滋补之功，特别是对病后体弱、神经衰弱等症大有裨益。常食百合有润肺、清心、调中、开胃、安神之效，适合秋季保健，增强体质。

◎冬季宜选食材

冬季寒冷、干燥，饮食宜做到保温、御寒、润燥，还要补充含蛋白质、无机盐、维生素量高的食物。

牛肉有补中益气、滋养脾胃、强健筋骨、化痰息风、止渴止涎之功效。牛肉的氨基酸组成比猪肉更接近人体需要，能提高机体抗病能力，寒冬食牛肉可暖胃，是冬季的补益佳品。

羊肉为益气补虚、温中暖下之品，历来被当作冬季进补的重要食品之一，古人认为"人参补气，羊肉则善补形"。所以，寒冬常吃羊肉，可促进血液循环，增强御寒能力。

墨鱼有补益精气、滋肝肾、补气血、清胃去热等功效。另外，墨鱼对祛除脸上的黄褐斑和皱纹非常有效，常食能美肤乌发。冬季吃墨鱼，可以有效增强体质，去除病患。但墨鱼也属于发物，已患有疾病的人要适当食用。

白萝卜具有下气、消食、除疾润肺、解毒生津、利尿通便的功效。此外，白萝卜含有大量的维生素A、维生素C，是保持细胞间质的必需物质，起着抑制癌细胞生长的作用。冬季食用白萝卜，可以改善身体内部环境，促进人体健康。

辣椒含有辣椒素及维生素A、维生素C等多种营养物质，能增强体质、缓解疲劳，并刺激唾液和胃液分泌，增进食欲、帮助消化、促进肠蠕动。而且辣椒味辛，可以使皮肤血液扩张、促进血液循环，使身体变暖，有温中下气、散寒除湿的作用。

南瓜所含果胶可以保护胃胶道粘膜免受粗糙食品刺激，促进溃疡愈合，适合胃病患者。南瓜能调整糖代谢、增强肌体免疫力，防止血管动脉硬化，还能促进胆汁分泌，加强胃肠蠕动，帮助食物消化。冬季食用南瓜，可以很好地补充维生素，促进身体健康。

黑木耳含铁量极高，为天然的补血佳品，常吃能养血、驻颜、乌发、防治缺铁性贫血。而黑木耳中的胶质，还可将残留在人体消化系统内的灰尘杂质吸附聚集，排出体外，起清涤肠胃的作用。冬季食用黑木耳，不仅可进补，还可以帮助身体排出毒素，促进身体健康。

传统医学认为，香菇有补肝肾、健脾胃、益智安神、美容养颜之功效。香菇富含蛋白质且容易被人体吸收，所以对人体有很好的补益作用，而且香菇还含有多种酶，可帮助抑制血液中胆固醇升高和降低血压。香菇中有一种"泸过性病毒体"，能作为一种抗体阻止癌细胞的生长发育，对已突变的异常细胞也具有明显的抑制作用。冬季食用香菇，不仅可以进补，还可以增强体质，预防疾病。

"好凉菜"的标准

一道能为人称道的凉菜要色彩、造型、味道都能达到标准，尤其是味道，味道如果不好就是"金玉其外，败絮其中"，而色彩、造型，缺其一皆是美中不足。

◎ 色彩搭配要和谐

菜肴的色泽最先进入眼帘，即是第一印象，所以非常重要。如果这道菜第一眼看上去色彩暗淡、没有层次感，那么很容易让人觉得这道菜不新鲜、不卫生或者乏味，就会让人失去下箸的冲动。

制作凉拌菜，首先要选择新鲜的食材，然后在制作过程中要注意菜品在色泽上的搭配，避免顺色和菜色单调。另外，要注意材料色泽上可能出现的变化，要掌握一些技巧并把握好火候，使材料最大程度地保持原有的色泽。例如在蔬菜焯水时，用沸水速烫，冷水过凉，即可保质、保色、保鲜。此外，除了菜肴本身的色泽，还要注意其与盛具的搭配，以及菜肴拼搭的视觉效果，让整道菜的颜色搭配和谐，第一眼就获得肯定。

◎ 造型适当有美感

细看菜肴的造型，就可以大致体会到烹饪者对这道菜所付出的心思。如果一道菜盛入盘中，乱七八糟，而且刀工随意，大小不一，厚薄不均，那就很难让人相信这道如此应付了事的菜肴能有好味道，甚至可能让人怀疑食材的卫生。一旦人们产生诸多猜忌，那么这道菜也会贬值。所以，在选材的时候，就要注意大小均衡，切菜时要用心处理，使材料长短大小一致，粗细厚薄均匀，整体形状整齐恰当。当然有些新鲜蔬菜用手撕成小片，口感会比刀切好，而部分形状不规则的食材如腰、肚、墨鱼、鱿鱼等，可选用卷筒、球形等刀法，加工成不同的形状，装盘时稍加注意，即可增加视觉上的美感。

◎ 调味突出口感好

调味，是凉拌菜的核心，无论之前的功夫如何做足，这道菜看起来如何好看诱人，如果味道不好，最后的评分还是零。而要调出好的味道，首先要确保主、调料要新鲜、气味正常，其次味道搭配要合理。有些食材本身有腥膻异味，那么在制作过程中，要通过焯水、腌渍等方法加以适当去除。调料的量要把握好，要在食材切好上桌前就配好，现浇、现拌、现吃，不要将调料汁过早地浇入菜中，以免食材腌渍过久，失去脆嫩口感，也不要将调料浇入后立即吃，以免食材尚未入味，应浇入调料拌匀后，稍静置一会再吃。

制作凉菜的常用调料

凉菜制作的调料多不胜数，各家有各家的技巧与秘诀，在此，为大家介绍一些凉菜制作中较常用的调料，以供参考。

◎ 固体调料

固体调料有盐、糖、葱、姜、蒜、胡椒、花椒、芥末等。

盐：盐是一种常见的调料，有很强的渗透力，能激发各种原料中的鲜味，提高成品口感，可刺激人的口腔唾液分泌，增进食欲和提高食物消化率。

糖：糖分能引出蔬菜中的天然甘甜，并为菜增色，给人视觉上的享受。用糖腌泡菜还能加速发酵。

葱、姜、蒜：葱、姜、蒜皆能去除材料的生涩味或腥味，并降低泡菜发酵后的特殊酸味。此外，葱可解毒，蒜可杀菌，姜可去寒而中和其它食材的寒性。

胡椒：分白胡椒跟黑胡椒两种，辛辣中带有独特的芳香，可以去腥增香，但白胡椒比较温和，黑胡椒比较浓烈。

花椒：腌、拌食材后能散发"麻"味，可除肉类的腥气，促进唾液分泌，增加食欲。

芥末：微苦，辛辣芳香，可造成强烈的刺激，味道十分独特，可作泡菜、腌渍生肉或拌沙拉时的调料，拌食荤素均宜。

◎ 液体调料

液体调料有白醋、酒、酱油、葱油、辣椒油、花椒油等。

白醋：白醋味酸、苦，可以去腥膻、涩味，可以减辣添香、杀菌消毒等，有诸多作用。

酱油：色泽红褐，有独特酱香，以咸味为主，滋味鲜美，能增加并改善菜肴的味道，增添或改变菜肴的色泽。

酒：酒可以去腥提香，能加速发酵及杀死发酵后产生的不良细菌。

葱油：将葱段洗净晾干，与食用油一起用小火熬煮，不待油开就关火，凉凉后捞去葱即成；也可将葱末入油后炸香，即成葱油。葱油为白色咸香味，可以拌食禽、蔬、肉类等食材。

辣椒油：即为红油，其做法与葱油的做法类似，一般将辣椒和各种配料用油炸后制得。辣椒油作用主要是增加凉拌菜的辣味。

沙拉酱：沙拉酱由植物油、鸡蛋黄、酿造醋再加上调味料和香辛料等调制而成。其中植物油在欧洲多是用橄榄油，而在亚洲一般是使用大豆色拉油。

制作凉菜的常用方法

　　制作凉菜的方法不一，有些简单，有些复杂，而出来的风味也不同，喜欢清新爽脆宜用拌，喜欢香浓味足就用卤，总有一种能特别抓住你的胃。

◎拌法

　　拌制菜肴比较简单、方便，因而拌法应用非常多，可以说是凉菜制作的最基本方法之一。拌制的材料多是比较小型、容易入味的，所以一般要把生的原料或加热凉凉后的原料，在切成丁、丝、条、片等形状后，再加入各种调味品拌匀。拌制的菜肴一般味道清淡、爽口，要求材料鲜嫩质脆，而调料多数为无色调料。但拌菜容易变质，存放时间不宜久放，一般是现拌现吃，如果存放时间长了，就算菜肴还没有变质，也可能因为腌渍过久而口感变差。

◎冻法

　　冻制菜品是凉菜制作中常见的一种形式。冻一般是先将原料烹饪熟后，加入胶质物质，如琼脂、明胶、肉皮等，放入器皿中蒸或煮烂，使其充分溶解，再经自然冷却或者放入冰箱中冷凝冻结形成的。冻法制成的菜肴清澈晶亮、软韧鲜醇。冻法宜依据季节而变，夏季宜用油分少的原料来制作，冬季则宜用油分多的原料来制作。

◎腌法

　　腌法是凉菜制作的常用方法之一，适用范围较广，大多数的动、植物性食材都可以此法成菜。以植物性原料腌制的菜品一般口感爽脆，以动物性原料腌制的菜品则质地坚韧，香味浓郁。不同于腌制咸菜，腌制凉菜所用时间相对较短，使用多种调料，并且依旧保持食材原有的鲜嫩口味，同时也保持了食材中的大部分营养成分。

◎炝法

炝法是凉菜制作的常用基本方法之一，一般需要经过加热处理（如焯水、过油）后入味。炝制菜一般以动物性原料为主，经过加工后，易熟、入味，植物性原料的使用则相对较少。在预熟阶段，一般没有调味过程，但食材要加工成较小的形状，易于成熟和入味，通常切成片、丝、条、块等形状。炝制菜品一般会加入刺激性调料，如胡椒粉、蒜泥，经过调味后再

静置一段时间使其充分入味。炝制菜有鲜醇入味的特点，加热时间短，能有效地保存食物中的营养元素。

◎卤法

卤法是制作凉菜的常用方法之一，其操作过程一般是：制卤汤→放入原料→大火烧开，转小火熬煮→原料熟后捞出冷却→切好装盘。所卤的原料大多是家畜、家禽、豆制品等蛋白质含量丰富的原料，而且形状较大。在入汤卤前，一般要先去除原料的异味及杂质，尤其是带有血腥味的动物性原料，通常要经过焯水或炸制，将异味去除，再入锅卤至原料上色。卤制的菜肴多数醇香酥烂，滋味鲜美。

◎酱法

酱法制作凉菜相对较少。酱制是将原料先用盐或酱油腌渍一段时间，然后放入用油、糖、料酒、香料等调制的酱汤中，用大火烧开撇去浮沫，转小火煮熟，最后用微火收汁，再将浓汁涂在成品的表面即可。酱制菜肴味厚馥郁，由于长时间加热，原料中的蛋白质变性、氨基酸、有机酸、多肽类物质充分溶解出来，从而形成醇厚的风味，易被消化吸收。

◎熏法

熏法一般是将经过蒸、煮、炸、卤等方法烹制的原料，置于铺有熏料的密封的容器内，熏料燃烧时，烟火味便焖入原料内，形成特殊风味。一般熏料都是用米饭锅巴、茶叶、糖等来制作，熏制的菜品色泽艳丽，熏味醇香，保量时间较长。

凉菜的装盘方法

总的来说，冷菜的装盘方法大致可分为排、堆、叠，围、摆、覆六种。采用哪一种装盘方法与食材的形状（丝、条、片、块、段等）密切相关，要依据烹任者的构思以及刀工的配合，选择合适的装盘方法。

◎排

排就是将食材按行放在盘中。排菜一般分大都单盘、拼盘、花色冷盘等三种。比如双拼，可以将两种材料分别摆成两行放入盘中，每行放上一种凉菜或者将两种凉菜间隔式摆成一行，放入盘中。

◎堆

堆就是有目的地把食材堆放在盆中，堆的时候可以配色，堆成花，堆成好看的宝塔形等，这要依据食材的形状以及颜色而定，一般小颗粒的食材就很适合堆盘。

◎叠

叠就是把加工好的食材整齐叠起，造出形状。叠的时候一般要与刀工结合起来，最好随切随叠，叠好后铲在刀面上，再放到已垫有装饰材料的盘中。一般切成片、做成卷的食材都适合用叠的方式来装盘。

◎围

围就是将切好的食材，层层围绕地放入盘中。用"围"可以将冷盘制成很多花样。比如，可以在已经排好主料周边，围上一层辅料，即围边；或者将主料摆成花朵，在中间放入辅料来点缀，即排围。

◎摆

摆就是按照一定的图案，运用各种精妙的刀法，将不同色彩的材料切成不同的形状，装入盘中。譬如有些菜式排成孔雀、鱼、荷花等图样，立刻别具意境，令人喜爱。但摆这种方法一定要有熟练的技巧以及耐心，才能做得生动形象。

◎覆

覆就是将材料先排在碗中或刀面上，再翻扣入盘中或菜面上。比如冷盘中的卤鸡，斩成块后，先将正面朝下排扣碗内，加上味汁，翻扣入盘中，覆盖盘面。

凉菜的拼盘形式

冷菜拼盘常常是花样百出，好的拼盘形式可以提高菜肴的品味与内涵，引人遐想。常见的传统凉菜拼盘形式有双拼、三拼、四拼、五拼、什锦拼盘、花色拼盘6种形式，经过自然巧妙的配合，形成各种迷人的装盘造型。

◎ 双拼

双拼即是把两种不同的凉菜拼摆在一个盘子里，一般要求刀工美观、色泽对比分明。具体可将两种凉菜一样一半地摆在盘子的两边，或将一种凉菜摆在下面，另一种盖在上面等。

◎ 三拼

三拼是把三种不同的凉菜拼摆在一个盘子里，一般选用直径24厘米的圆盘。三拼在色泽要求、口味搭配、装盘形式上都比双拼的要求要高。三拼一般是从圆盘的中心点将圆盘划分成三等份，每份摆上一种凉菜，又或将三种凉菜分别摆成内外三圈。

◎ 四拼

四拼和三拼比较只是增加了一种凉菜而已，一般选用直径33厘米的圆盘。四拼一般是从圆盘的中心点将圆盘划分成四等份，每份摆上一种凉菜，又或者在周围摆上三种凉菜，中间再摆上一种凉菜。

◎ 五拼

五拼是在四拼的基础上增加一种凉菜，一般选用直径38厘米圆盘。五拼一般是将四种凉菜呈放射状摆在圆盘四周，中间再摆上一种凉菜，或将五种凉菜摆在圆盘四周，中间摆上装饰。

◎ 什锦拼盘

什景拼盘就是把多种不同的凉菜拼摆在一个大盘内，一般选用直径42厘米的大圆盘。什景拼盘要求外形整齐都雅、刀工精巧详实、拼摆角度准确、用料搭配协调。其拼盘造型有圆、五角星、九宫格等几何图形，以及葵花、牡丹花、梅花等多种花形，观赏性强。

◎ 花色冷拼

花色冷拼是经过构思后，运用刀工及艺术手法，将不同的凉菜放在盘中拼摆成飞禽走兽、花鸟虫鱼、山水园林等各种平面的、立体的或半立体的图形，其技术要求高、艺术性强、操作程序比较复杂，适用于高档席桌，要求主题突出，图案新颖，造型逼真。

制作凉菜的注意事项

凉菜好吃，但因为热处理不像热菜，所以容易残留很多细菌、农药等有害成分，不过只要多加注意，也可以放心享受美味。

◎食材不可不新鲜

制作凉菜的食材，必须选用新鲜的，一方面因为新鲜的食材才能做出爽口宜人的口感，另一方面食用新鲜食材可获得良好的营养成分，并减少疾病发生的可能。即便用熟食做凉菜，也应重新加热，并适当加入蒜、醋、葱等做配料来杀菌，以保证食品卫生。

◎挑选、处理食材要考虑营养成分

在挑选食材的时候，不仅要注重卫生要求，也要注意食材的营养成分。如浅色蔬菜或菜心看起来比较干净，但是浅色蔬菜的营养价值比不上深色蔬菜，菜心所含的钙质少于蔬菜外叶。此外洗菜时不要先切后洗，否则会导致食材中的水溶性维生素和矿物质等营养大量流失。

◎食材务必清洁干净

有些食材特别是蔬果类食材在生长过程中，就受了农药、寄生虫和细菌的污染。如果没有清洁干净，制成凉菜后食用，很可能引发肠道传染病。清洗食材的最好方法是用流水冲洗，蔬果类在用流水清洗前最好先用清水浸泡15~30分钟，以减少农药残留。在制作前可以先用冷水洗，再用开水烫一下，以杀死残余细菌和寄生虫卵。经处理后再制成凉菜，比较卫生安全。

◎厨具必须清洁干净

凉菜因为用材新鲜，而且热处理不足可能本身就带有一定的细菌，在制作的过程中就一定要保证厨具的清洁，最大程度降低食材的感染率。所以，在制作凉菜过程中所使用的刀、砧板、碗、盘、抹布等厨具，使用前一定清洗干净，最好经过高温消毒并用流水清洗。

◎凉菜不宜长时间存放

凉菜讲究新鲜营养，不耐久存，即便是凉菜放入冰箱中冷藏，其时效也是有限的。室温下，熟肉类凉菜存放不能超过4小时，果蔬类凉菜不要超过2小时。若放入冰箱中，熟肉类凉菜可以贮存12~24小时，海鲜类凉菜可贮存24~36小时，果蔬类凉菜可以贮存6~12小时。此外，与蒜茸、香菜、鲜柿椒等原料拌在一起的凉菜，容易发酵，产生异味，不宜久存。

PART 2
清新素菜

素菜涵盖了蔬菜、瓜果、豆类以及豆制品等材料，或含有丰富的维生素、纤维素、矿物质等成分，或含有丰富的植物蛋白、植物脂肪、碳水化合物等成分。因凉菜能最大程度保留素菜中的营养成分，而且做法简单，烹饪时间短，还可以根据不同人群的口味进行调配。因此，凉素菜一直备受人们喜爱。本章节将为大家介绍多款清新爽口的凉素菜，以图文搭配的形式进行详细说明，一目了然。

白菜

别名	大白菜、黄芽菜、黄矮菜、菘。
性味	性平，味苦、辛、甘。
归经	归肠、胃经。

✓ 适宜人群

一般人群均可食用，特别适合脾胃气虚、大小便不利者和维生素缺乏者。

✗ 不宜人群

胃寒腹痛、大便溏泻及寒痢者不可多食。

营养功效

◎增强免疫力：白菜中所含的粗纤维非常丰富，不仅能促进肠壁蠕动，稀释肠道毒素，常食还可以增强人体抗病能力。

◎护肤养颜：白菜含有丰富的维生素C，常食可以起到很好的护肤养颜效果。

◎润肠排毒：白菜含有粗纤维，能起到润肠、促进排毒的作用，又能刺激肠胃蠕动，促进排便，帮助消化。

TIPS

挑选白菜时，应该挑选菜叶紧实、新鲜、无虫害的白菜，而不宜选购腐烂、有黄叶的白菜。

食材清洗

①取一盆清水，加入适量盐，搅匀。

②把白菜放入盐水中，浸泡约15分钟。

③将白菜用清水冲洗干净，沥干水分。

食材加工

①取洗净的白菜，切成长度均匀的白菜卷。

②将白菜卷弄开。

③将稍大的白菜梗切开。

紫菜凉拌白菜心

▍烹饪时间：2分钟　▍营养功效：降低血压

🌶️ 原料

大白菜200克，水发紫菜70克，熟芝麻10克，蒜末、姜末、葱花各少许

🍲 调料

盐3克，白糖3克，陈醋5毫升，芝麻油2毫升，鸡粉、食用油各适量

🍴 做法

❶将洗净的大白菜切成丝。

❷用油起锅，倒入蒜末、姜末，爆香，盛出，待用。

❸锅中注入清水烧开，放入少许盐，倒入大白菜略煮片刻。

❹倒入水发紫菜，煮至沸，捞出食材，沥干备用。

❺把焯煮好的食材装入碗中，倒入炒好的蒜末、姜末。

❻放入适量盐、鸡粉、陈醋、白糖，淋入芝麻油。

❼倒入葱花，拌匀，使食材入味。

❽盛出拌好的食材，装入碗中，撒上熟芝麻即可。

糖醋辣白菜

▌烹饪时间：32分钟　▌营养功效：增强免疫力

🌶️ 原料

白菜150克，红椒30克，花椒、姜丝各少许

🍲 调料

盐3克，陈醋15毫升，白糖2克，食用油适量

🍴 做法

❶洗好的白菜切去根部以及菜叶，将菜梗切成粗丝。

❷洗净的红椒切开，去籽，切成细丝。

❸取一个大碗，放入菜梗、菜叶，加少许盐拌匀腌渍30分钟。

❹用油起锅，倒入花椒爆香后捞出。

❺再倒入姜丝翻炒匀，放入红椒丝翻炒，盛出装入碗中。

❻锅底留油烧热，加陈醋、白糖炒至白糖溶化，将汁水装碗。

❼取腌好的白菜，倒入凉开水洗去多余的盐分、水分，装碗。

❽再倒入汁水拌匀，撒上红椒丝和姜丝，拌至食材入味。

❶取一个小碟，加芥末、白醋，再加盐、白糖拌匀调成酱汁。

❷锅中注入清水烧开，放入洗净的白菜嫩叶，略煮至其断

❸将焯煮好的白菜捞出，放入凉水中浸泡一会儿，捞出装盘。

❹将白菜放入碗中，在白菜叶上浇调好的酱汁。

❺放上红椒圈，置于阴凉干燥处腌渍1天至其入味，取出装盘。

芥末白菜

▌烹饪时间：24小时　▌营养功效：增强免疫力

🌶 原料

白菜嫩叶30克，芥末适量，红椒圈少许

🍲 调料

白醋4毫升，盐2克，白糖3克

制作指导：

腌渍白菜时最好包上保鲜膜，以免变质。

菠菜

别名	赤根菜、波斯菜、菠棱菜。
性味	性凉，味甘、辛。
归经	归肠、胃经。

✔ 适宜人群

一般人群均可食用，尤其适合高血压、便秘、贫血、过敏者食用。

✘ 不宜人群

肾炎患者、肾结石患者、脾虚便溏者。

营养功效

◎**增强免疫力**：菠菜中所含的胡萝卜素可在人体内转化成维生素A，能维护正常视力和上皮细胞的健康，增强预防传染病的能力，促进儿童生长发育。

◎**防治贫血**：菠菜中含有丰富的铁质，对缺铁性贫血有较好的辅助治疗作用。

◎**预防骨质疏松**：菠菜富含维生素K，对预防人体骨质疏松有积极作用。

TIPS

菠菜要去涩。可以先行焯水，待水沸后下锅，再沸后捞出，用冷水冲一下，然后再起油锅炒至全熟，涩味即可除去。

食材清洗

①将菠菜切去根部，放进盆里，倒入清水。

②加盐，使菠菜叶没入盐水中，浸泡约10分钟。

③将泡好的菠菜叶捞出，冲净，沥去水分即可。

食材加工

①将处理好的菠菜放在砧板上，把根部切除。

②再将菠菜切成5~6厘米长的段。

③将切好的菠菜装入盘中即可。

姜汁拌菠菜

▌烹饪时间：4分钟 ▌营养功效：增强免疫力

🌶 **原料**

菠菜300克，姜末、蒜末各少许

🍲 **调料**

南瓜籽油18毫升，盐2克，鸡粉2克，生抽5毫升

🍴 **做法**

❶洗净的菠菜切成段，待用。

❷沸水锅中加盐，淋入适量南瓜籽油，倒入菠菜焯煮至断生。

❸捞出焯好的菠菜，沥干水分，装入碗中待用。

❹往焯煮好的菠菜中倒入姜末、蒜末。

❺然后倒入10毫升南瓜籽油。

❻再加入盐、鸡粉、生抽。

❼将食材充分地搅拌均匀。

❽将拌好的食材装入盘中即可。

❶锅中注入适量清水烧开，倒入洗净的菠菜，拌匀煮至断生。

❷捞出焯煮好的菠菜，沥干水分，装入盘中，放凉备用。

❸将放凉的菠菜切成小段，摆放在盘中。

❹倒入生抽。

❺放上蛋黄酱，撒上熟芝麻即可。

✕ 做法

蛋黄酱拌菠菜

▎烹饪时间：2分钟 ▎营养功效：增强免疫力

🌶 原料

菠菜80克，蛋黄酱、熟芝麻各少许

🍲 调料

生抽适量

制作指导：

焯好的菠菜可先挤干水分再食用，这样拌出来的菜肴味道才会更浓郁，口感更好。

海带丝拌菠菜

烹饪时间：3分钟 | **营养功效：降低血压**

🌶 原料

海带丝230克，菠菜85克，熟白芝麻15克，胡萝卜25克，蒜末少许

🍲 调料

盐2克，鸡粉2克，生抽4毫升，芝麻油6毫升，食用油适量

🍴 做法

❶将洗好的海带丝切成段。

❷洗净去皮的胡萝卜切成细丝，备用。

❸锅中水烧开，倒入海带、胡萝卜煮至断生，捞出沥干。

❹另起锅，注入清水烧开，倒入洗净的菠菜搅匀，煮至断生。

❺将焯煮好的菠菜捞出，沥干水分。

❻取一个大碗，倒入海带、胡萝卜、菠菜，拌匀。

❼撒上蒜末，加入少许盐、鸡粉，淋入生抽、芝麻油。

❽撒上熟白芝麻，搅拌均匀，将菜肴盛入盘中即可。

✗ 做法

❶ 择洗干净的菠菜切去根部，再切成段，备用。

❷ 锅中加水烧开，淋食用油，倒入洗净的枸杞焯煮片刻，捞出。

❸ 把菠菜倒入沸水锅中，煮1分钟至断生，捞出菠菜沥干备用。

❹ 把焯好的菠菜倒入碗中，再放入蒜末、枸杞。

❺ 加盐、鸡粉、蚝油、芝麻油，拌至入味，盛出装盘。

枸杞拌菠菜

▌烹饪时间：2分钟 ▌营养功效：降低血压

🌶 原料

菠菜230克，枸杞20克，蒜末少许

🍲 调料

盐2克，鸡粉2克，蚝油10克，芝麻油3毫升，食用油适量

制作指导：

可以把拌完的凉菜放到冰箱里放一些，夏天食用口感更佳。

做法

① 去皮洗好的洋葱切成丝。

② 择洗干净的菠菜切去根部，再切成段，备用。

③ 锅中清水烧开，淋入食用油，放入菠菜、洋葱丝拌匀，煮至断生。

芝麻洋葱拌菠菜

▌烹饪时间：3分钟　▌营养功效：降低血压

④ 将煮好的菠菜、洋葱装碗中，加盐、白糖，淋入生抽、凉拌醋。

🌶 原料

菠菜200克，洋葱60克，白芝麻3克，蒜末少许

制作指导：

菠菜汆煮的时间不宜太长，以免煮得太软影响口感。

🍲 调料

盐2克，白糖3克，生抽4毫升，凉拌醋4毫升，芝麻油3毫升，食用油适量

⑤ 倒入蒜末拌至食材入味，淋芝麻油，撒白芝麻拌匀即可。

芹菜

别名	蒲芹、香芹。
性味	性凉，味甘、辛。
归经	归肺、胃、肝经。

✔ 适宜人群

一般人群均可食用，特别适合高血压、动脉硬化、高血糖、缺铁性贫血者及经期妇女食用。

✘ 不宜人群

脾胃虚寒、大便溏薄、血压偏低者不宜多食。

营养功效

◎**净化血液**：芹菜中含有丰富的无机盐和维生素，可以促进体内废物的排泄，以及净化血液。

◎**清热解毒**：常吃些芹菜，有助于清热解毒、祛病强身，肝火过旺、皮肤粗糙及经常失眠、头疼的人可适当多吃。

◎**利尿消肿**：芹菜含有的有效成分能消除体内水钠潴留，利尿消肿。

TIPS

要选择色泽鲜绿、叶柄厚、茎部稍呈圆形、内侧微向内凹的芹菜，不宜选择色泽暗黄、有烂叶的芹菜。

 食材清洗

①将去除菜叶的芹菜放入清水中。

②加适量食盐，拌匀后浸泡10～15分钟。

③用软毛刷刷洗芹菜秆，再冲净，沥去水分即可。

 食材加工

①将洗净的芹菜秆去除老皮、坏皮。

②用斜刀，将芹菜秆切成斜片。

③切好的芹菜装盘即可。

黑蒜拌芹菜

| 烹饪时间：2分钟 | 营养功效：降低血压

原料
芹菜300克，红彩椒40克，黑蒜70克

调料
盐2克，鸡粉、白糖各1克，芝麻油5毫升，食用油适量

制作指导：

蔬菜焯煮的时间不宜过长，以刚断生为宜，不然不仅影响口感，还会流失营养。

❶洗净的芹菜切段；洗好的红彩椒切段；黑蒜切碎。

❷锅中注水烧开，加少许盐，倒入食用油，拌匀。

❸放入芹菜段，焯煮至断生，倒入切好的红彩椒焯煮片刻。

❹捞出焯好的食材，沥干水分，装碗。

❺加盐、鸡粉、白糖、芝麻油拌匀，装盘，放上黑蒜即可。

✕ 做法

❶洗净的彩椒切开，
去籽，切成细丝；洗
好的芹菜梗切成段。

❷锅中清水烧开，倒
入芹菜梗略煮片刻，
再放入彩椒煮断生。

❸捞出食材，沥干水
装入碗中，放入洗净
的芹菜叶，搅拌匀。

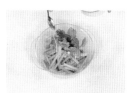

❹加入盐、白糖、陈
醋、芝麻油。

❺倒入熟白芝麻，搅
拌均匀至食材入味，
盛菜装盘即可。

醋拌芹菜

■ 烹饪时间：2分钟　　■ 营养功效：开胃消食

🌶 原料

芹菜梗200克，彩椒10克，芹菜叶25
克，熟白芝麻少许

🍲 调料

盐2克，白糖3克，陈醋15毫升，芝麻
油10毫升

制作指导：

食材焯水的时间不宜过
久，以免失去其爽脆的
口感。

❶洗净的西芹划成两半，切段。

❷锅中水烧开，加入盐、食用油，倒入西芹，煮约半分钟。

❸放入洗净的玉米粒拌匀，煮约半分钟至断生，捞出沥干。

❹装入碗中，撒上蒜末，放入盐、白糖、橄榄油、陈醋。

❺搅拌均匀至糖分溶化，将食材装入盘中即可。

橄榄油拌西芹玉米

▌烹饪时间：3分钟　　▌营养功效：降低血压

🌶 原料

西芹90克，鲜玉米粒80克，蒜末少许

🍲 调料

盐3克，橄榄油10毫升，陈醋8毫升，白糖3克，食用油少许

制作指导：

焯煮西芹和玉米时，要掌握好时间，断生即可捞出。

凉拌芹菜叶

▌烹饪时间：3分钟 ▌营养功效：降低血压

原料

芹菜叶100克，彩椒15克，白芝麻20克

调料

盐3克，鸡粉2克，陈醋10毫升，食用油少许

做法

①将洗净的彩椒切成粗丝。

②炒锅置火上，烧干水分，倒入白芝麻，用小火翻炒片刻。

③盛出炒好的白芝麻，装入盘中备用。

④另起锅注水烧开，加食用油、盐、芹菜叶煮片刻后捞出。

⑤沸水锅中再倒入彩椒丝煮至熟软后捞出，沥干备用。

⑥将焯煮好的芹菜叶装入碗中，倒入煮熟的彩椒丝。

⑦加入盐，淋入陈醋，再放入鸡粉拌至食材入味。

⑧取一个盘子，盛入拌好的食材，撒上炒熟的白芝麻即成。

银耳拌芹菜

▌烹饪时间：3分钟　▌营养功效：降压降糖

🌶️ 原料

水发银耳180克，木耳40克，芹菜30克，枸杞5克，蒜末少许

🍲 调料

食粉2克，盐2克，鸡粉3克，生抽3毫升，辣椒油2毫升，芝麻油2毫升，陈醋2毫升，食用油适量

🍴 做法

①芹菜洗净切段；银耳洗净去黄色根，切小块；木耳洗净切小块。

②锅中水烧开，放入适量食用油，倒入芹菜、木耳煮半分钟。

③把焯好的芹菜和木耳捞出，备用。

④向沸水锅中加入食粉，倒入银耳搅匀，再加入枸杞煮片刻。

⑤把焯好的银耳和枸杞捞出，倒入碗中。

⑥放入芹菜和木耳，倒入蒜末，加盐、鸡粉。

⑦再加入生抽、辣椒油、芝麻油拌匀，再淋入陈醋。

⑧把碗中的食材搅拌均匀，再盛入盘中。

包菜

别名	圆白菜、卷心菜、结球甘蓝、莲花白。
性味	性平，味甘。
归经	归脾、胃经。

✔ 适宜人群

一般人群均可食用，尤其适合胃及十二指肠溃疡患者、糖尿病患者以及容易骨折的老年人。

✘ 不宜人群

皮肤瘙痒性疾病、咽部充血患者。

营养功效

◎ **治疗溃疡**：包菜中含有溃疡愈合分子维生素U，对溃疡有很好的治疗作用，是胃溃疡患者的有效食品。

◎ **补血养颜**：包菜富含叶酸，叶酸属于维生素B的复合体，它对巨幼细胞贫血和胎儿畸形有很好的预防作用，所以容易贫血的女性应该多吃。

◎ **排毒瘦身**：包菜含有的热量和脂肪很低，但是维生素、膳食纤维和微量元素的含量很高，能促进肠胃蠕动，快速排出身体多余的垃圾，起到瘦身减肥的效果。

TIPS

食用包菜时，会有一些特殊的气味，去除得方法是在烹调时加些韭菜和大葱，用甜面酱代替辣椒酱，经过这样的处理，菜可变得清香爽口。

食材清洗

①在清水中加盐，制成淡盐水。

②将包菜切开，放进盐水中浸泡15分钟。

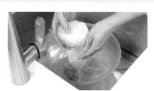

③再把包菜冲洗干净，捞起沥干水即可。

食材加工

①取一块洗净的包菜，边缘修整齐。

②把包菜切成粗条状。

③菜条堆放整齐，切成小方块即可。

炝拌包菜

▌烹饪时间：2分钟 ▌营养功效：增强免疫力

🌶 **原料**

包菜200克，蒜末、枸杞各少许

🍲 **调料**

盐2克，鸡粉2克，生抽8毫升

制作指导：

包菜不宜焯煮过久，以免降低其营养价值。

🍴 **做法**

①将洗净的包菜切去根部，再切成小块，撕成片。

②锅中注入适量清水烧开，倒入包菜、枸杞，拌匀。

③捞出焯煮好的食材，沥干水分，装入一个大碗中。

④放入少许蒜末，加入适量盐、鸡粉、生抽，拌匀。

⑤将拌好的菜肴放入盘中即可。

辣拌包菜

┃烹饪时间：3.5分钟 ┃营养功效：清热解毒

🌶 原料

包菜500克，红椒15克，蒜末少许

🍲 调料

盐5克，鸡粉2克，生抽、陈醋、辣椒油、食用油各适量

🍴 做法

❶洗净红椒去籽，切成丝；洗净包菜去除菜心，将菜叶切成细丝。

❷锅中加水烧开，加入少许盐、食用油，放入包菜、红椒。

❸拌煮约1分钟至食材熟透。

❹捞出食材，沥干水分待用。

❺取一干净的碗，倒入汆烫好的食材。

❻放入蒜末，淋入生抽、陈醋。

❼加入盐、鸡粉，淋上辣椒油，拌约1分钟至入味。

❽将拌好的食材盛出，装好盘即可。

① 洗净包菜切去芯，再切成丝；洗净红椒去籽，切成丝。

② 锅中加水烧开，加少许食用油，倒入包菜，煮至熟，捞出备用。

③ 把处理好的虾米倒入沸水锅中，煮1分钟至熟，捞出备用。

④ 包菜装碗，放入红椒丝、虾米、盐、鸡粉、芝麻油，拌匀。

⑤ 将拌好的材料装入盘中，放上少许香菜即可。

虾米拌包菜

▌烹饪时间：4.5分钟 ▌ 营养功效：保肝护肾

🌶 原料

包菜200克，红椒15克，虾米20克，香菜少许

🍲 调料

盐3克，鸡粉2克，芝麻油3克，食用油适量

制作指导：

包菜富含维生素C，焯煮包菜的时间不宜过长，否则维生素C会因加热太久而流失。

芥蓝

别名	卷叶菜、甘蓝菜、盖蓝菜、绿叶甘蓝。
性味	性凉，味甘。
归经	归肺经。

✔ 适宜人群

一般人群均可食用，特别适合食欲不振、便秘、高胆固醇患者食用。

✘ 不宜人群

阳痿患者禁食。

营养功效

◎**消暑解热**：芥蓝中含有一种特殊的苦味成分——金鸡纳霜，能抑制过度兴奋的体温中枢，起到消暑解热的作用。

◎**开胃消食**：芥蓝中含有有机碱，带有一定苦味，能刺激人的味觉神经，增加食欲，加快胃肠蠕动。

◎**防癌抗癌**：芥蓝含有丰富的硫代葡萄糖苷，其降解产物是萝卜硫素，经常食用有防癌抗癌的作用。

TIPS

芥蓝带有一定的苦味，烹饪时加少许白糖和酒，能改善口感。

食材清洗

①取一大盆清水，加入适量的食盐，用手搅匀。

②将芥蓝放入水中，浸泡15分钟左右。

③将芥蓝清洗干净，放在流水下冲洗，沥干水分。

食材加工

①取洗净的芥蓝，用刀将叶梗、叶片全部切除。

②把菜梗摆放好，再将一端切整齐。

③按适当长度将芥蓝梗依次切段即可。

❶芥蓝洗净，切取菜梗，削去外皮，将菜梗切成片。

❷红椒洗好，切开，去籽，切成丝。

❸锅中加水烧开，加少许食用油、盐，倒入菜梗，煮约2分钟。

❹将煮好的菜梗捞出，沥干水分，装入碗中。

爽口芥蓝

▌烹饪时间：2分钟 ▌营养功效：清热解毒

 原料

芥蓝300克，红椒10克

制作指导：

芥蓝有苦涩味，拌时加入少量白糖和酒，可以减轻其苦味。

🍲 调料

盐3克，味精2克，陈醋、芝麻油、食用油各适量

❺放入红椒丝，加盐、味精、芝麻油、陈醋拌匀即可。

❶芥蓝梗洗净去皮，切成丁。

❷锅中加水烧开，放入适量食用油、盐、芥蓝梗煮1分钟。

❸加入枸杞，煮片刻至芥蓝梗断生后全部捞出，装碗。

❹将熟黄豆装碗，加姜末、蒜末、盐、鸡粉、生抽、芝麻油搅匀。

❺加入辣椒油，再搅拌几下至食材入味，盛入盘中即可。

枸杞拌芥蓝梗

▌烹饪时间：4分钟　▌营养功效：开胃消食

🌶 原料

芥蓝梗85克，熟黄豆60克，枸杞10克，姜末、蒜末各少许

🍲 调料

盐2克，鸡粉2克，生抽3毫升，芝麻油、辣椒油各少许，食用油适量

制作指导：

因为芥蓝梗较粗，不易熟透，所以炒的时间要适当长些。

芥蓝拌黄豆

| 烹饪时间：24分钟 | 营养功效：提神健脑

🌶 原料

芥蓝350克，水发黄豆300克，朝天椒10克

🍲 调料

盐4克，鸡粉3克，白糖2克，生抽、芝麻油、食用油各适量

🍴 做法

①芥蓝洗净切成丁；朝天椒洗净切圈。

②锅中注水烧开，倒入黄豆，加盐，煮约20分钟，捞出装碗。

③锅中另加水烧开，加食用油、盐、芥蓝煮至熟，捞出装碗。

④在装有黄豆的碗中加入适量盐、鸡粉、生抽，用筷子拌匀。

⑤再加入芝麻油，用筷子拌匀。

⑥在装有芥蓝的碗中加入适量盐、鸡粉、白糖，拌匀。

⑦再倒入朝天椒圈，用筷子拌匀。

⑧将芥蓝倒入盘中，再倒入黄豆即成。

茼蒿

别名	蒿子杆、蓬蒿菜、蒿菜、茼莴菜、春菊。
性味	性平，味辛、甘。
归经	归脾、胃经。

✔ 适宜人群

一般人群均可食用，特别适合高血压患者、脑力劳动人士、贫血者、骨折患者。

✘ 不宜人群

胃虚腹泻者不宜多食。

🫘 营养功效

◎**利肠通便：**茼蒿里含有粗纤维，有助于肠道蠕动，能促进排便，从而可以达到通便利肠的目的。

◎**消痰止咳：**茼蒿气味芬芳，含有丰富的维生素、胡萝卜素等，可以消痰止咳。

◎**降压、补脑：**茼蒿含有挥发性的精油和胆碱，具有降血压、补脑的作用。

TIPS

茼蒿不宜直接用清水清洗，因为上面可能有农药、化肥残留，比较实用是用食盐水、淘米水或者果蔬清洗剂溶液清洗。

食材清洗

①取一大盆清水，加入适量的果蔬清洗剂。

②将茼蒿放入水中，浸泡15分钟左右后抓洗干净。

③将茼蒿放在流水下，用手清洗茼蒿。

食材加工

①取洗净的茼蒿，摆放整齐，将根部切除。

②将茼蒿拦腰切断。

③将茼蒿切成同样的段状即可。

芝麻酱拌茼蒿

▌烹饪时间：3分钟 ▌营养功效：降低血压

🌶 **原料**

茼蒿180克，彩椒45克

🍲 **调料**

芝麻酱15克，盐、食用油各适量

🍴 **做法**

①洗净的彩椒切成丝，备用。

②锅中注入适量清水烧开，淋入适量食用油搅匀。

③倒入切好的彩椒，放入洗净的茼蒿，煮半分钟。

④捞出焯煮好的彩椒和茼蒿，沥干水分，备用。

⑤将焯过水的茼蒿和彩椒装入碗中。

⑥放入芝麻酱，加入少许盐。

⑦用筷子拌匀，至其入味。

⑧将拌好的食材装入盘中即可。

杏仁拌茼蒿

| 烹饪时间：2分钟 | 营养功效：降低血压

🌶 原料

茼蒿200克，芹菜70克，香菜20克，杏仁30克，蒜末少许

🍲 调料

盐3克，陈醋8毫升，白糖5克，芝麻油2毫升，食用油适量

🍴 做法

❶洗净的茼蒿、芹菜切段；洗净的香菜切去根部，再切成段。

❷锅中加水烧开，加入盐、食用油，倒入杏仁，煮至其断生。

❸捞出杏仁，沥干水分，装入碗中待用。

❹将芹菜倒入沸水锅中，加入茼蒿，搅拌匀，煮半分钟。

❺捞出焯煮好的芹菜和茼蒿，备用。

❻把芹菜和茼蒿装入碗中，加入香菜、蒜末。

❼加入盐、陈醋、白糖、芝麻油，搅匀调味。

❽盛出拌好的食材，装入盘中，放上备好的杏仁即可。

❶ 洗净的芹菜、茼蒿、香菜均切成段；洗好的彩椒切粗丝。

❷ 锅中加水烧开，加入食用油、盐、茼蒿、芹菜段、彩椒丝拌匀。

❸ 煮约1分钟，至其断生，捞出焯煮好的食材，沥干水分待用。

❹ 把食材装碗中，加入鸡粉、盐、蒜末，淋上生抽、陈醋。

❺ 滴上芝麻油，撒上香菜拌匀后装盘，撒上巴旦木仁即可。

杏仁芹菜拌茼蒿

▌烹饪时间：2分钟　▌营养功效：降低血压

🌶 原料

茼蒿300克，芹菜50克，彩椒40克，巴旦木仁35克，香菜15克，蒜末少许

🍲 调料

盐3克，鸡粉2克，生抽4毫升，陈醋8毫升，芝麻油、食用油各适量

制作指导：

茼蒿的根部较硬，焯煮前最好将其去除。

韭菜

别名	韭、扁菜、懒人菜、起阳草。
性味	性温，味甘、辛。
归经	归肝、肾经。

✔ 适宜人群

一般人群均可食用，尤其适合夜盲症、干眼病患者以及体质虚寒、皮肤粗糙、便秘、痔疮患者。

✘ 不宜人群

消化不良、肠胃功能较弱者，眼疾、胃病患者。

🫁 营养功效

◎**散瘀活血**：韭菜的辛辣气味有散瘀活血、行气导滞的作用，适用于跌打损伤、胸痛等症。

◎**缓解便秘**：韭菜含有大量维生素和粗纤维，能增进胃肠蠕动，缓解便秘，预防肠癌。

◎**开胃消食**：韭菜含有挥发性精油及硫化物等特殊成分，散发出一种独特的辛香气味，有助于疏调肝气、增进食欲、增强消化功能。

TIPS

韭菜根部切割处有很多泥沙，宜先剪掉一段根部，并用盐水浸泡一会再洗，之后入沸水中稍烫至颜色变翠绿后再捞出过凉水。

食材清洗

①将择好的韭菜入盆，加入清水、盐，搅匀。

②浸泡约15分钟。

③用清水将韭菜冲洗干净，沥干水分。

食材加工

①取洗净的韭菜，摆放整齐，用刀切小段。

②将剩下的韭菜切成同样的小段。

③把切好的韭菜装入盘中即可。

❶洗净的韭菜切段；洗净的红椒对半切开，去籽，切细丝。

❷锅中注水烧热，加入食用油，倒入红椒丝、韭菜煮至熟。

❸捞出食材，沥干水分，装入盘中放凉。

❹将焯煮好的食材倒入碗中。

凉拌韭菜

▮烹饪时间：2分钟　▮营养功效：开胃消食

🌶 原料

韭菜300克，红椒15克

🍲 调料

盐3克，鸡粉、生抽、食用油各适量

制作指导：

韭菜的草酸含量较多，放入热水中焯烫片刻，可以除去韭菜中大部分的草酸。

❺加入盐、鸡粉、生抽，拌至入味，盛菜装盘即可。

❶ 把韭菜花蕾装入碗中，加入盐，腌渍约15分钟至其变软。

❷ 取腌好的韭菜花蕾，切碎，然后剁成细末。

❸ 取一个小碗，盛入切好的韭菜花蕾，按压至材料呈泥状。

❹ 再腌渍约60分钟，至食材析出汁水。

❺ 另取一个味碟，盛入腌好的酱料即可。

✕ 做法

韭菜花酱

▌烹饪时间：61分钟　▌营养功效：开胃消食

🌶 原料

韭菜花蕾55克

🍲 调料

盐3克

制作指导：

食用时可以佐以少许陈醋，这样味道会更佳。

蛋丝拌韭菜

烹饪时间：2分钟　营养功效：开胃消食

原料

韭菜80克，鸡蛋1个，生姜15克，白芝麻、蒜末各适量

调料

白糖、鸡粉各1克，生抽、香醋、花椒油、芝麻油各5毫升，辣椒油10毫升，食用油适量

做法

❶锅中注水烧开，倒入洗净的韭菜焯煮至断生，捞出切小段。

❷洗净的生姜切薄片，切丝，然后改切成末。

❸取一碗，将鸡蛋搅散，放入烧热的油锅中，煎至两面微焦。

❹将煎好的蛋皮放上砧板，边缘修整齐，切成丝，装碗待用。

❺将姜末、蒜末与除食用油外的所有调料拌匀，制成酱汁。

❻取一碗，倒入韭菜、蛋丝，拌匀。

❼撒上少许白芝麻，淋上足量酱汁拌匀。

❽.将拌好的菜肴摆盘，浇上剩余酱汁，撒上白芝麻即可。

茭白

别名	茭瓜、茭笋、茭粑、茭儿菜、篙芭。
性味	性微寒，味甘。
归经	归肝、脾、肺经。

✔ 适宜人群

一般人群均可食用，尤其适合高血压病人、黄胆肝炎患者、产后乳汁缺少的妇女。

✘ 不宜人群

阳痿、遗精、脾虚胃寒者，肾脏疾病、尿路结石患者，尿中草酸盐类结晶较多、腹泻者。

💪 营养功效

◎**强身健体**：茭白含较多的碳水化合物、蛋白质、脂肪等，能补充人体的营养物质，具有强身健体的作用。

◎**润泽肌肤**：茭白中含有豆醇，能清除体内的活性氧，抑制酪氨酸酶活性，从而阻止黑色素生成，还能软化皮肤表面的角质层，使皮肤润滑细腻。

TIPS

茭白含有较多的草酸，其钙质不容易被人体吸收，在烹饪之前把茭白用开水焯一下，就可以去掉草酸。

食材清洗

①将茭白根部老皮削掉。

②将茭白置于盆中。

③放在流水下，边洗边将头部的外皮剥去。

食材加工

①将洗好的茭白切去较细的顶端。

②对切茭白，一分为二。

③改刀，将茭白全部切成片状。

凉拌茭白

┃烹饪时间：2分钟　┃营养功效：降低血压

🥕 原料

茭白200克，彩椒50克，蒜末、葱花各少许

🍲 调料

盐3克，鸡粉2克，陈醋4毫升，芝麻油2毫升，食用油适量

🍴 做法

❶洗净去皮的茭白对半切开，切成片。

❷洗好的彩椒切条，再切成块。

❸锅中注入适量清水烧开，放入少许盐，加入适量食用油。

❹倒入切好的茭白、彩椒，拌匀，煮1分钟，至其断生。

❺把煮好的茭白和彩椒捞出，沥干水分。

❻装入碗中，加入蒜末、葱花。

❼加适量盐、鸡粉，淋入陈醋、芝麻油。

❽用筷子拌匀调味，将拌好的茭白盛出，装入盘中即可。

✕ 做法

① 将去皮洗净的茭白切片，再切成丝。

② 锅中加水烧开，加入盐、鸡粉，倒入切好的茭白。

③ 煮约1分钟至熟，捞出，盛入碗中。

④ 加入蒜末、辣椒油、辣椒酱、盐、味精，拌匀。

⑤ 加入葱花、芝麻油，拌匀，盛出装盘即可。

辣味茭白

▌ 烹饪时间：2分钟　　▌ 营养功效：开胃消食

🌶 原料

茭白200克，蒜末、葱花各少许

🍲 调料

盐5克，鸡粉3克，辣椒油、辣椒酱、味精、芝麻油各适量

制作指导：

茭白含有较多的草酸，制作前可先放入热水锅中焯一下，或用开水烫过再进行烹调。

做法

❶将洗净去皮的茭白切成丝；洗净的紫甘蓝、彩椒均切成丝。

❷锅中加水烧开，加入适量食用油，倒入茭白，煮半分钟。

❸加入切好的紫甘蓝、彩椒，拌匀，再煮半分钟至断生。

❹把焯煮好的食材捞出，沥干水分，装入碗中。

紫甘蓝拌茭白

▌烹饪时间：3分钟 ▌营养功效：降低血压

🌶 原料

紫甘蓝150克，茭白200克，彩椒50克，蒜末少许

🍲 调料

盐2克，鸡粉2克，陈醋4毫升，芝麻油3毫升，生抽、食用油各适量

制作指导：

食材焯水时间不宜太长，否则炒制时会将水分炒出，影响口感。

❺加入蒜末、生抽、盐、鸡粉，淋入陈醋、芝麻油拌匀即可。

豆芽

别名	如意菜、黄豆芽、绿豆芽、绿豆菜。
性味	性凉，味甘。
归经	归脾、大肠经。

✔ 适宜人群

一般人群均可食用，尤其适合胃中积热、高血压、癌症、癫痫、肥胖、便秘、痔疮患者及妊娠妇女。

✘ 不宜人群

慢性腹泻、脾胃虚寒者。

🍖 营养功效

◎**防治口腔溃疡**：豆芽中含有维生素B₂，可以维持皮肤、口腔和眼部的健康，能保护牙齿、牙龈等，适合口腔溃疡患者食用。

◎**防治维生素缺乏症**：豆子发芽后，除维生素C含量较丰富外，胡萝卜素可增加1～2倍，维生素B₂可增加2～4倍，而叶酸则成倍增加，所以常吃豆芽，可以防治维生素缺乏症。

TIPS

①烹调豆芽时切不可加碱，要加少量食醋，这样才能保持B族维生素不减少。

②加热豆芽时一定要注意掌握好时间，保持八成熟即可。

食材清洗

①锅中注水烧热，加入适量白醋。

②放入豆芽，搅动几下后捞出来。

③把豆芽放入清水中，抓洗干净即可。

食材加工

①取焯烫清洗好的豆芽，摆放整齐。

②把豆芽的根部切除。

③将切好的豆芽装入盘中即可。

香辣黄豆芽

▌烹饪时间：2分钟 ▌营养功效：益气补血

🌶 原料
黄豆芽130克，辣椒粉、葱花各少许

🍲 调料
盐2克，鸡粉1克，食用油适量

制作指导：
做此菜应挑选鲜嫩的黄豆芽，以保证成品的外观和口感。

❶洗好的黄豆芽切除根部。

❷锅中注入适量清水烧开，倒入黄豆芽，拌匀，煮至断生。

❸捞出黄豆芽，沥干水分，放入盘中。

❹用油起锅，倒入辣椒粉、盐拌匀，关火后加鸡粉拌匀。

❺盛出味汁，烧在黄豆芽上，点缀上葱花即可。

✖ 做法

❶将洗净的黄瓜切成丝；洗好的红椒切开，去籽，切成丝。

❷锅中加水烧开，加入少许食用油、绿豆芽、红椒煮至熟。

❸把焯煮好的绿豆芽和红椒捞出，沥干水分，装入碗中。

❹放入黄瓜丝，加盐、鸡粉、蒜末、葱花、陈醋拌匀入味。

❺淋入芝麻油，拌匀后装入盘中即成。

黄瓜拌绿豆芽

▌烹饪时间：3分钟　　▌营养功效：清热解毒

🌶 原料

黄瓜200克，绿豆芽80克，红椒15克，蒜末、葱花各少许

🍲 调料

盐2克，鸡粉2克，陈醋4毫升，芝麻油、食用油各适量

制作指导：

绿豆芽性寒，拌制此菜时可以配上一点姜丝，以中和它的寒性。

凉拌黄豆芽

▌烹饪时间：2分钟　▌营养功效：降低血压

原料

黄豆芽100克，芹菜80克，胡萝卜90克，白芝麻、蒜末各少许

调料

盐4克，鸡粉2克，白糖4克，芝麻油2毫升，陈醋、食用油各适量

做法

❶洗净去皮的胡萝卜切丝；洗净的芹菜切成段。

❷锅中加水烧开，放入少许盐、食用油，倒入胡萝卜煮片刻。

❸放入洗净的黄豆芽，倒入芹菜段拌匀，再煮半分钟。

❹把焯好的食材捞出，沥干水分备用。

❺将焯过水的食材装入碗中，加入适量盐、鸡粉。

❻撒入备好的蒜末，放入白糖、陈醋、芝麻油，搅拌均匀。

❼继续搅拌一会儿，至食材入味。

❽将拌好的食材装入盘中，撒上白芝麻，即可食用。

豌豆苗

别名	豆苗、安豆苗、寒豆苗。
性味	性平，味甘。
归经	归脾、胃经。

✔ 适宜人群

一般人群均可食用，尤其适合热性体质的人食用。

✘ 不宜人群

腹泻者不宜多食。

营养功效

◎**增强免疫力**：豌豆苗富含维生素A、维生素C、钙、磷等成分，可增强免疫力。

◎**延缓衰老**：豌豆苗还含有大量抗酸性物质，具有很好的防老化功能，能延缓机体老化。

◎**保护肝脏**：豌豆苗含有大量的镁以及叶绿素，有助于体内毒素的排出，保护肝脏。

TIPS

豌豆苗最好用大火快炒，并放点醋，以保持豆苗的脆嫩，同时还可以减少维生素C的流失。

食材清洗

①将豌豆苗放入淡盐水中，浸泡15分钟左右。

②用手抓洗豌豆苗。

③换清水，将豌豆苗清洗干净，沥干即可。

食材加工

①取洗净的豌豆苗，摆放整齐，将一端切整齐。

②按适当长度，用刀将其切段状。

③将豌豆苗依次切成均匀的段状即可。

豆皮拌豆苗

| 烹饪时间：5分钟 | 营养功效：开胃消食

🌶 原料

豆皮70克，豌豆苗60克，花椒15克，葱花少许

🍲 调料

盐、鸡粉各1克，生抽5毫升，食用油适量

🍴 做法

❶洗净的豆皮切丝，再切两段。

❷沸水锅中倒入洗好的豌豆苗，煮至断生后捞出，沥干装盘。

❸再放入豆皮，焯好后捞出，沥干水分。

❹将豆皮装碗，撒上葱花待用。

❺另起锅注油，倒入花椒，炸约1分钟至香味飘出，捞出花椒。

❻将炸完花椒的油淋在豆皮和葱花上。

❼放上豌豆苗。

❽加入盐、鸡粉、生抽，拌匀即可。

❶香干切成条；洗好的彩椒切成条。

❷锅中加水烧开，加食用油、盐、鸡粉，倒入香干、彩椒煮熟。

❸加入豌豆苗拌匀，再煮半分钟至断生，捞出沥干，装碗。

❹放入蒜末、生抽、鸡粉、盐，再淋入芝麻油。

❺用筷子搅拌均匀，盛入盘中即可。

豌豆苗拌香干

烹饪时间：2分钟　　营养功效：降低血压

🌶 原料

豌豆苗90克，香干 150克，彩椒40克，蒜末少许

🍲 调料

盐3克，鸡粉3克，生抽4毫升，芝麻油2毫升，食用油适量

制作指导：

香干焯煮后不易入味，可以多拌一会儿。

凉拌豌豆苗

▌烹饪时间：2分钟 ▌营养功效：降低血压

🌶️ 原料

豌豆苗200克，彩椒40克，枸杞10克，蒜末少许

🍲 调料

盐、鸡粉各2克，芝麻油2毫升，食用油适量

🍴 做法

❶洗好的彩椒切成丝，备用。

❷锅中注入适量清水烧开，放入食用油。

❸加入洗净的枸杞，放入洗好的豌豆苗，煮半分钟至断生。

❹将煮好的枸杞和豌豆苗捞出沥干水分。

❺将焯煮好的食材装入碗中。

❻放入蒜末，加入彩椒丝。

❼放入适量盐、鸡粉，然后淋入少许芝麻油。

❽用筷子搅拌匀，再将食材盛入盘中。

白萝卜

别名	莱菔、罗菔。
性味	性凉，味辛、甘。
归经	归肺、胃经。

✔ 适宜人群

一般人群均可食用，尤其适合头皮屑多、咳嗽、鼻出血者。

✘ 不宜人群

脾胃虚寒、胃及十二指肠溃疡、慢性胃炎、先兆流产、子宫脱垂患者。

营养功效

◎**开胃消食**：由于白萝卜含芥子油、淀粉酶和粗纤维，因此具有促进消化、增强食欲、加快胃肠蠕动、止咳化痰的作用。

◎**护肤养颜**：白萝卜中含有丰富的维生素A、维生素C等各种维生素，特别是维生素C的含量是根茎的4倍以上，能防止皮肤的老化，阻止黑色色斑的形成，保持皮肤的白嫩。

TIPS

白萝卜的中段含糖量较多，质地较脆嫩，可切丁做沙拉，也可切丝拌凉菜；尾段有较多生粉酶和芥子油，有些辛辣味，可用来腌拌，若削皮生吃。

<table>
<tr>
<td rowspan="2">
食材清洗</td>
<td>
①将白萝卜放在盆中，倒入适量清水。</td>
<td>
②加入少许盐，搅拌均匀，浸泡约15分钟。</td>
<td>
③捞出白萝卜，用清水冲洗干净，沥去水分即可。</td>
</tr>
</table>

<table>
<tr>
<td rowspan="2">
食材加工</td>
<td>
①取一段洗净去皮的白萝卜，对半切开。</td>
<td>
②将白萝卜纵向切成均匀的厚片。</td>
<td>
③再横向切成块即可。</td>
</tr>
</table>

橄榄油芹菜拌白萝卜

▌烹饪时间：2分钟　▌营养功效：增强免疫力

原料

芹菜80克，白萝卜300克，红椒35克

调料

盐2克，白糖2克，鸡粉2克，辣椒油4毫升，橄榄油适量

做法

❶洗净的芹菜拍破，切段。

❷洗净的白萝卜切片，改切丝。

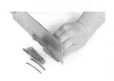

❸洗净的红椒切开，去籽，切成丝。

❹锅中注入适量清水烧开，放盐，倒入适量橄榄油拌匀。

❺放入白萝卜煮沸，加入芹菜、红椒，煮约1分钟至断生。

❻把煮好的食材捞出，沥干水分。

❼把食材装入碗中，加盐、白糖、鸡粉、辣椒油、橄榄油拌匀。

❽将拌好的食材装入盘中即可。

酱腌白萝卜

▌制作时间：24小时20分钟　▌营养功效：增强免疫力

🥗 原料

白萝卜350克，朝天椒圈、姜片、蒜头各
少许

🍲 调料

盐7克，白糖3克，生抽4毫升，老抽3毫升，
陈醋3毫升

🍴 做法

❶将洗净去皮的白萝
卜切成片。

❷把白萝卜装入碗
中，放盐，拌匀，腌
渍20分钟。

❸白萝卜腌渍好，加
白糖，拌匀。

❹倒入适量清水，将
白萝卜清洗一遍。

❺将白萝卜滤出，装
碗中待用。

❻白萝卜放入生抽、
老抽、陈醋，再加适
量清水，拌匀。

❼放入姜片、蒜头、
朝天椒圈，拌匀。

❽用保鲜膜包裹密封
好，腌渍24小时后取
出装盘即可。

① 金针菇切除根部；洗净去皮的白萝卜切丝；圆椒、彩椒切丝。

② 锅中加水烧开，倒入金针菇，拌匀，煮至断生。

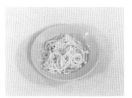

③ 捞出金针菇，放入凉开水中，清洗干净，沥干水分，待用。

④ 白萝卜倒入大碗中，放入彩椒、圆椒、金针菇、蒜末拌匀。

⑤ 加盐、鸡粉、白糖、辣椒油、芝麻油、葱花拌匀即可。

白萝卜拌金针菇

▎烹饪时间：2分钟 ▎营养功效：清热解毒

原料

白萝卜200克，金针菇100克，彩椒20克，圆椒10克，蒜末、葱花各少许

调料

盐、鸡粉各2克，白糖5克，辣椒油、芝麻油各适量

制作指导：

白萝卜含水量较高，可先加盐腌渍一会儿，挤干水分后再食用。

胡萝卜

别名	红萝卜、金笋、丁香萝卜。
性味	性平，味甘、涩。
归经	归心、肺、脾、胃经。

✔ 适宜人群

一般人群均可食用，尤其适合高血压、糖尿病、冠心病、夜盲症、干眼症、便秘、食欲不振者。

✗ 不宜人群

脾胃虚寒者。

 营养功效

◎**防癌抗癌**：胡萝卜中含有大量的叶酸，具有防治癌症的功能，而所含胡萝卜素能转变成大量的维生素A，也可以有效预防肺癌的发生。

◎**明目补肝**：胡萝卜含有大量胡萝卜素，这种胡萝卜素分子进入机体后，在肝脏及小肠黏膜内经过酶的作用，其中50%会变成维生素A，对保护视力、促进儿童生长发育效果显著，有明目益肝的作用。

TIPS

巧用胡萝卜头擦锅盖。在锅盖有污迹的地方滴几滴洗涤剂，然后用胡萝卜头来回擦，油污立刻就去掉了。这样擦拭后的锅盖丝毫不用担心会留下难看的刮痕。

 食材清洗

①将胡萝卜放入清水，加盐搅匀，浸泡约15分钟。

②用刷子刷洗干净胡萝卜表面。

③将胡萝卜用手搓洗干净，沥干水分即可。

 食材加工

①取洗净的胡萝卜，去皮，去蒂。

②用斜刀，从胡萝卜的一端开始切块。

③一边滚动胡萝卜，一边均匀地切块即可。

西瓜翠衣拌胡萝卜

▌烹饪时间：2分钟　▌营养功效：降低血压

🌶 **原料**

西瓜皮200克，胡萝卜200克，熟白芝麻、蒜末各少许

🍲 **调料**

盐2克，白糖4克，陈醋8毫升，食用油适量

🍴 **做法**

❶洗净去皮的胡萝卜切段，再切片，改切成丝。

❷洗好的西瓜皮切成丝，备用。

❸锅中注入适量清水烧开，放入适量食用油、胡萝卜煮片刻。

❹加入西瓜皮，煮半分钟，至其断生。

❺把焯煮好的胡萝卜和西瓜皮捞出，沥干水分。

❻将焯好的胡萝卜和西瓜皮放入碗中，加入蒜末。

❼放入盐、白糖，淋入陈醋，用筷子拌匀调味。

❽将拌好的食材盛出，撒上熟白芝麻，装入盘中即可。

✖ 做法

①将洗净的香菜切长段；将洗好的彩椒切细丝。

②洗好去皮的胡萝卜切段，再切薄片，改切成细丝，备用。

③取一个碗，倒入胡萝卜、彩椒，放入香菜梗，拌匀。

④加入盐、鸡粉、白糖、陈醋、芝麻油拌匀，腌渍约10分钟。

⑤最后加入香菜叶，拌匀，将食材盛入盘中即成。

胡萝卜丝拌香菜

▌烹饪时间：12分钟　▌营养功效：保护视力

🌶 原料

胡萝卜200克，香菜85克，彩椒10克

🍲 调料

盐、鸡粉、白糖各2克，陈醋6毫升，芝麻油7毫升

制作指导：

食用前可先将胡萝卜焯一下水，这样口感会更好。

蜜汁凉薯胡萝卜

▌烹饪时间：1分钟　　▌营养功效：降低血压

🌶 **原料**

凉薯140克，胡萝卜75克

🍲 **调料**

蜂蜜少许

🍴 **做法**

❶将去皮洗净的胡萝卜切薄片。

❷去皮洗好的凉薯切开，再改切片。

❸取一盘子，放入切好的食材，摆好盘。

❹再均匀地淋上备好的蜂蜜即可。

制作指导：

要选根粗大、表皮呈橘红色、质地脆嫩、外形完整的胡萝卜，如果是表面有光泽、手感沉重的胡萝卜更好。

冬瓜

别名	白瓜、白冬瓜、枕瓜。
性味	性凉，味甘。
归经	归肺、大肠、小肠、膀胱经。

✔ 适宜人群

一般人群均可食用，尤其适合肾病、水肿、肝硬化腹水、癌症、脚气病、高血压、糖尿病者。

✘ 不宜人群

脾胃虚弱、肾脏虚寒、久病滑泄、阳虚肢冷者忌食。

营养功效

◎排毒瘦身：冬瓜的含钠量极低，有利尿排湿的功效，而且富含丙醇二酸，能有效控制体内的糖类转化为脂肪，防止体内脂肪堆积，可以起到排毒瘦身的作用。

◎利尿消肿：冬瓜中富含鸟氨酸和γ-氨基丁酸、天冬氨酸、谷氨酸、精氨酸，它们是人体解除游离氨毒害的不可缺少的氨基酸，因此使冬瓜得以发挥利尿消肿的功效。

TIPS

冬瓜性凉，不宜生食，但冬瓜是一种解热利尿效果较理想的日常食物，平时可以连皮一起煮汤，效果更明显，是夏季清凉、消肿的首选。

 食材清洗

①用削皮刀将冬瓜的表皮削去。

②去除冬瓜籽。

③将处理好的冬瓜用清水冲洗干净。

 食材加工

①洗净去皮的冬瓜块竖放在砧板上，切除瓜瓤。

②把余下的冬瓜瓤全部用刀切除。

③将冬瓜平放在砧板上，切成块状。

红椒泡冬瓜

▌制作时间：5天 ▌营养功效：清热解毒

🌶 原料

冬瓜300克，大葱片30克，干辣椒7克，八角、桂皮各少许

🍲 调料

盐30克，白酒15毫升，红糖10克

🍴 做法

❶将去皮洗净的冬瓜切成1厘米厚的片，装入碗中备用。

❷在碗中加入盐、白酒，用筷子搅拌均匀。

❸将八角、桂皮、大葱片放入碗中。

❹再加入干辣椒，倒入约200毫升矿泉水，搅拌均匀。

❺倒入红糖，再搅拌均匀。

❻将拌好的冬瓜舀入玻璃罐中，再倒入泡汁。

❼盖上瓶盖，置于室内密封约5天。

❽揭开瓶盖，将腌好的泡菜取出即可。

冰爽柠檬橙汁冬瓜

烹饪时间：185分钟　｜　营养功效：增强免疫力

原料

冬瓜600克，橙汁480毫升，柠檬30克

调料

白糖、盐各适量

做法

❶洗净去皮的冬瓜切片，再切粗条。

❷锅中注入清水烧开，加入盐，倒入冬瓜煮至断生。

❸将冬瓜捞出，沥干水分待用。

❹将洗净的柠檬切成薄片。

❺然后往橙汁中倒入柠檬片。

❻加入白糖，倒入煮好的冬瓜。

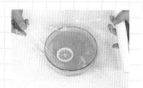

❼再用保鲜膜密封好，放入冰箱冷藏放置3小时。

❽取出，去除保鲜膜，捞出冬瓜装入盘中即可。

橙汁冬瓜条

∎ 烹饪时间：125分钟　　∎ 营养功效：清热解毒

原料

冬瓜270克，橙汁450毫升

调料

白糖适量

制作指导：

冬瓜表皮的毛刺可用自来水清洗干净，这样可避免在去皮时刺疼手。

✕ 做法

❶洗净的冬瓜切段，再切成大小均匀的条，备用。

❷锅中加水烧开，倒入冬瓜条煮片刻，捞出放凉待用。

❸取橙汁，加入白糖，拌匀至白糖溶化。

❹倒入冬瓜条，拌匀，浸泡2小时。

❺取一个干净的盘子，放入冬瓜条，浇上适量橙汁即可。

PART 2 清新素菜　071

苦瓜

别名	凉瓜、癞瓜。
性味	性寒，味苦。
归经	归脾、胃、心、肝经。

✔ 适宜人群

一般人群均可食用，尤其适合糖尿病、癌症患者和易长痱子的人食用。

✘ 不宜人群

脾胃虚寒者及孕妇。

营养功效

◎**降低血糖**：苦瓜含有促进胰岛素分泌的成分，可以控制血糖，降低血糖。

◎**排毒瘦身**：苦瓜含有的苦瓜素可以消除人体多余的脂肪，有排毒瘦身的功效。

◎**防癌抗癌**：苦瓜中的苦瓜素能阻止脂肪吸收，除具有减肥功效外，还是极强的抗癌高手。而且，苦瓜种子还可以阻止恶性肿瘤的生长。

TIPS

可将苦瓜去籽后切条，先用凉水漂洗，边洗边用手轻轻捏，洗一会儿再换水洗，如此反复三四次之后，苦汁就流走了，这样的苦瓜炒熟后味道更鲜美。

食材清洗

①将苦瓜从中间切断，放入清水中。

②加入少量食盐，搅匀，浸泡10~15分钟。

③ 用软毛刷刷洗苦瓜表面，再洗净即可。

食材加工

①洗净的苦瓜对半切开。

②用勺子去除瓜瓤。

③再将苦瓜切成半月形的薄片即可。

❶洗净的苦瓜去瓤，切成粗条。

❷洗好的彩椒切粗丝，备用。

❸锅中加水烧开，淋入食用油，倒入彩椒丝煮至断生，捞出沥干。

❹锅中再倒入苦瓜，撒上食粉，煮至瓜熟后捞出沥干。

甜椒拌苦瓜

▌烹饪时间：2分钟　　▌营养功效：降低血糖

🌶 原料

苦瓜150克，彩椒、蒜末各少许

🍲 调料

盐、白糖各2克，陈醋9毫升，食粉、芝麻油、食用油各适量

制作指导：

苦瓜焯好后可过一下凉开水，这样能减轻苦瓜苦味。

❺碗中放入苦瓜、彩椒、蒜末、盐、白糖、陈醋、芝麻油拌匀。

做法

❶ 洗好的苦瓜对半切开，去籽，切成段，再切成条。

❷ 锅中注入适量清水烧开，放入2克盐。

❸ 倒入切好的苦瓜，煮1分钟，至其断生。

❹ 捞出苦瓜，沥干装碗，加入1克盐，搅拌片刻。

❺ 倒入酸梅酱，搅拌至食材入味，盛出食材，装入盘中即可。

梅汁苦瓜

▌烹饪时间：2分钟　　▌营养功效：降低血压

🌶 **原料**

苦瓜180克，酸梅酱50克

🍲 **调料**

盐3克

制作指导：

拌好的苦瓜放入冰箱里冰一下再食用，不仅能降低苦瓜的苦味，吃起来也更爽口。

蜜汁苦瓜

┃烹饪时间：3分钟 ┃营养功效：降低血压

🌶 原料

苦瓜130克，蜂蜜40毫升

🍲 调料

凉拌醋适量

🍴 做法

①将洗净的苦瓜切开成两半。

②去除瓜瓤，用斜刀切成片。

③锅中注入适量清水烧开。

④倒入切好的苦瓜，搅拌片刻。

⑤煮约1分钟至熟软后捞出，沥干水分。

⑥将焯煮好的苦瓜装入碗中，倒入蜂蜜，再淋入凉拌醋。

⑦搅拌一会儿，至食材入味。

⑧取一个干净的盘子，盛出拌好的苦瓜即成。

黄瓜

别名	胡瓜、青瓜。
性味	性凉，味甘。
归经	归肺、大肠经。

✔ 适宜人群

热病患者，肥胖、高血压、高血脂、水肿、癌症、嗜酒者及糖尿病患者。

✘ 不宜人群

脾胃虚弱、肺寒咳嗽患者。

营养功效

◎**降低血糖**：黄瓜中所含的葡萄糖苷、果糖等通常不参与糖代谢，故糖尿病人以黄瓜代替淀粉类食物充饥，血糖非但不会升高，甚至会降低。

◎**排毒瘦身**：黄瓜中所含的丙醇二酸，可抑制糖类物质转变为脂肪，起到排毒瘦身的功效。

◎**健脑益智**：黄瓜含有维生素B$_1$，对改善大脑和神经系统功能有利，可以起到健脑益智的作用。

TIPS

吃煮黄瓜最合适的时间是在晚饭前，但一定要在吃其他饭菜前食用，而因为黄瓜中维生素较少，因此吃黄瓜时可同时吃些其他的蔬果。

食材清洗

①将黄瓜略微冲洗一下。

②加入少量食盐，搅拌均匀，浸泡约15分钟。

③用清水冲洗干净，沥去水分即可。

食材加工

①取黄瓜对半切开，切成粗条。

②去除黄瓜瓤。

③将黄瓜条摆放整齐，切成菱形块即可。

凉拌黄瓜条

▌烹饪时间：12分钟 ▌营养功效：养颜美容

🌶 原料

黄瓜190克，去皮蒜头30克，干辣椒20克

🍲 调料

苏籽油5毫升，白糖2克，蒸鱼豉油10毫升

🍴 做法

❶将去皮的蒜头用刀拍扁。

❷洗净的黄瓜对半切开，切小段。

❸取一碗，倒入拍扁的蒜头。

❹放入干辣椒。

❺淋入蒸鱼豉油。

❻倒入白糖。

❼加入苏籽油。

❽倒入切好的黄瓜，充分拌匀，腌渍10分钟后即可摆盘。

做法

① 将洗净的黄瓜切段，切成细条形，去除瓜瓤。

② 用油起锅，倒入干辣椒、花椒，爆香。

③ 盛出热油，滤入小碗中，待用。

④ 碗中放鸡粉、盐、生抽、白糖、陈醋、辣椒油。

⑤ 倒入热油、红椒圈，制成味汁，淋在黄瓜条上即可。

川辣黄瓜

▌烹饪时间：3分钟　▌营养功效：清热解毒

原料

黄瓜175克，红椒圈10克，干辣椒、花椒各少许

调料

鸡粉、盐、白糖各2克，生抽、陈醋各5毫升，辣椒油10毫升，食用油适量

制作指导：

黄瓜切好后，可用保鲜膜包好，放入冰箱冷藏10分钟，口感会更好。

自制酱黄瓜

▌制作时间：24小时5分钟 ▌营养功效：清热解毒

🌶 原料

小黄瓜200克，姜片、蒜瓣、八角各少许

🍲 调料

料酒400毫升，红糖10克，白糖2克，老抽5毫升，盐5克，食用油适量

制作指导：

给小黄瓜打花刀时用力要匀，以免切断而破坏外观。

🍴 做法

❶在洗净的小黄瓜上打上灯笼花刀。

❷将黄瓜装入碗中，加入盐，抹匀，腌渍一天。

❸热锅注油烧热，倒入姜片、蒜瓣、八角，爆香。

❹倒入酱油，淋入料酒，再加入红糖、白糖、老抽，炒匀。

❺将酱汁盛出放凉，再倒入黄瓜碗内，将黄瓜浸泡片刻即可。

茄汁黄瓜

烹饪时间：3分钟 ┃ 营养功效：降低血糖

🌶 原料

黄瓜120克，西红柿220克

🍲 调料

白糖5克

🍴 做法

❶洗净的西红柿表皮划上十字刀。

❷锅中加水烧开，放入西红柿，稍用水烫一下。

❸关火后将西红柿捞出，装入盘中。

❹剥去西红柿的表皮，待用。

❺将黄瓜旁边放置一支筷子，切黄瓜但不完全切断。

❻用手稍压一下，使其片状呈散开状。

❼将切好的黄瓜摆放在盘子中备用。

❽将西红柿切成瓣，摆放在黄瓜上面，撒上白糖即可。

黄瓜拌玉米笋

▌烹饪时间：3分钟　▌营养功效：美容养颜

🌶 原料

玉米笋200克，黄瓜150克，蒜末、葱花
各少许

🍲 调料

盐3克，鸡粉2克，生抽4毫升，辣椒油6毫
升，陈醋8毫升，芝麻油、食用油各适量

🍴 做法

❶将洗净的玉米笋切
开，再切成小段。

❷洗净的黄瓜对半切
开，拍打几下，至瓜
肉裂开，再切小块。

❸锅中加水烧开，放
入玉米笋，加盐、鸡
粉、食用油拌匀。

❹用大火焯煮至食材
断生后捞出，沥干水
分，待用。

❺取一个干净的碗，
倒入焯熟的玉米笋，
放入黄瓜块。

❻撒上蒜末、葱花，加
入辣椒油、盐、鸡粉。

❼淋入陈醋、生抽，
搅拌匀，使调味料溶
化全部混匀。

❽再淋入芝麻油，快
速拌匀，至食材入
味，装入盘中即可。

茄子

别名	茄瓜、紫茄、昆仑瓜、落苏矮瓜。
性味	性凉，味甘。
归经	归脾、胃、大肠经。

✔ 适宜人群

一般人群均可食用，对于容易长痱子、生疮疖的人尤为适宜。

✗ 不宜人群

肺结核患者、关节炎患者、体弱胃寒者忌食。

营养功效

◎**保护心血管**：茄子含有丰富的维生素P，这种物质能增强人体细胞间的黏着力，增强毛细血管的弹性，减低毛细血管的脆性及渗透性，防止微血管破裂出血，从而保护心血管。

◎**防治胃癌**：茄子含有大量的龙葵碱，能抑制人体消化系统肿瘤的增殖，可有效防治胃癌。

◎**延缓衰老**：茄子中含有大量的维生素E，能起到防止出血、抗衰老的功效。

TIPS

茄子切成块或片后，由于氧化作用会很快由白变褐。应将切成块的茄子立即放入水中浸泡起来，待做菜时再捞起滤干，可避免茄子变色。

 食材清洗

①将茄子放入盆中，加适量淘米水，浸泡15分钟。

②捞出茄子，去除蒂部。

③用清水将茄子冲洗干净，沥去水分即可。

 食材加工

①取一段洗净去皮的茄子，对半切开。

②取其中的一半平放，斜切一刀。

③调整角度，再切一刀，即成滚刀块。

做法

❶蒸锅上火烧开，放入洗净的茄子段。

❷盖上盖，用中火蒸至食材熟透。

❸揭盖，取出蒸好的茄子段。

❹放凉后撕成细条状，装在碗中。

手撕茄子

▌烹饪时间：33分钟　▌营养功效：美容养颜

🌶 原料

茄子段120克，蒜末少许

🍲 调料

盐、鸡粉各2克，白糖少许，生抽3毫升，陈醋8毫升，芝麻油适量

制作指导：

茄子不宜放得太凉了，否则搅拌时味道不易渗透进去。

❺加盐、白糖、鸡粉、生抽、陈醋、芝麻油、蒜末拌入味即可。

捣茄子

┃烹饪时间：3分钟 ┃营养功效：增强免疫力

🌶 原料

茄子200克，青椒40克，红椒45克，蒜末、葱花各少许

🍲 调料

生抽8毫升，番茄酱15克，陈醋5毫升，芝麻油2毫升，盐、食用油各适量

🍴 做法

❶洗好的茄子去皮，切条；洗净的青椒、红椒切去蒂。

❷热锅注油烧热，放入青椒、红椒，炸至虎皮状，捞出。

❸蒸锅上火烧开，放入茄子，用大火蒸15分钟至其熟软。

❹揭开锅盖，取出茄子，放凉待用。

❺将青椒和红椒装入碗中，用木臼棒将其捣碎。

❻倒入茄子，再加入蒜末，继续捣碎。

❼加入少许生抽、盐、番茄酱、陈醋、芝麻油。

❽用筷子快速搅拌，至食材入味，装入碗中即可。

土豆泥拌蒸茄子

▌烹饪时间：18分钟　▌营养功效：降低血压

🌶 原料

茄子100克，熟土豆80克，肉末90克，蒜末、葱花各少许

🍲 调料

盐2克，鸡粉2克，料酒10毫升，生抽13毫升，芝麻油3毫升，食用油适量

🍴 做法

①洗净的茄子去皮，切条；把熟土豆去皮，压成泥状，备用。

②将茄子装入盘中，放入烧开的蒸锅中，盖上盖，中火蒸熟。

③揭开盖，把蒸熟的茄子取出，待用。

④用油起锅，放入蒜末，爆香，倒入肉末，炒松散。

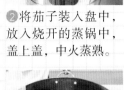

⑤淋入料酒、少许生抽，炒匀。

⑥倒入土豆泥，注入少许清水，加入适量盐、鸡粉，炒匀。

⑦盛出炒好的食材，待用。

⑧将茄子倒入碗中，加葱花、生抽、芝麻油拌匀，盛出即可。

莲藕

别名	水芙蓉、莲根、藕丝菜。
性味	性凉，味辛、甘。
归经	归肺、胃经。

✔ 适宜人群

一般人群均可食用，尤其适合体质虚弱者、贫血者。

✘ 不宜人群

肥胖者应少食，产妇不宜过早食用。

营养功效

◎**止血**：莲藕含有丰富的单宁酸，有收缩血管的作用，可用来止血。

◎**增强免疫力**：莲藕富含铁、钙等微量元素，还含有植物蛋白质、维生素以及淀粉，有补益气血功效，可以起到增强人体免疫力的作用。

◎**开胃消食**：莲藕含有鞣质，有健脾止泻的作用，能增进食欲，促进消化。

TIPS

莲藕可按节分食。第一节肉质脆嫩，可当水果鲜食；第二节是制作"糯米灌藕"的好原料；第二、三节适合炒着吃；第四节后，肉薄质老，适量做藕粉。

食材清洗

①将莲藕的藕节切去，再削皮。

②将去皮的莲藕切成两半，放入清水中。

③将裹了纱布的筷子插入藕孔，洗净即可。

食材加工

①取一块洗净去皮的莲藕，用直刀切成薄片。

②将余下的莲藕按同法切成薄片。

③把切好的藕片装入盘中即可。

香麻藕片

烹饪时间：4分钟　营养功效：健脾止泻

🌶 **原料**

莲藕150克，彩椒20克，花椒适量，姜丝、葱丝各少许

🍲 **调料**

盐、鸡粉各2克，白醋12毫升，食用油适量

🍴 **做法**

①洗净的彩椒切细丝；洗好去皮的莲藕切薄片，备用。

②锅置火上，注水烧开，倒入藕片，用中火煮约2分钟。

③至食材断生，捞出材料，沥干水分。

④用油起锅，放入花椒，炸出香味。

⑤撒上姜丝，炒匀，淋入白醋，加入盐、鸡粉。

⑥拌匀，用大火略煮，放入彩椒丝，拌匀，撒上葱丝。

⑦拌匀，煮至食材断生，制成味汁，关火待用。

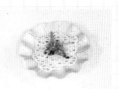

⑧取一个盘子，放入焯熟的藕片，再浇上味汁即可。

蒜油藕片

▌烹饪时间：2分钟　▌营养功效：开胃消食

🌶 原料

莲藕260克，黄瓜120克，蒜末少许

🍲 调料

陈醋6毫升、盐2克、白糖2克、生抽4毫升、辣椒油10毫升、花椒油7毫升、食用油适量

🍴 做法

①洗净的黄瓜切成片；洗好去皮的莲藕切片。

②锅中注入适量清水烧开，倒入藕片，搅拌均匀，煮至断生。

③捞出藕片，放入凉开水中过凉，沥干水分，待用。

④用油起锅，倒入蒜末煸炒，炸成蒜油。

⑤关火后盛出蒜油，装入小碗，待用。

⑥取一个干净的大碗，倒入藕片、黄瓜，倒入蒜油。

⑦加入陈醋、盐、白糖、生抽、辣椒油、花椒油。

⑧搅拌一会儿，至食材入味，装盘即可。

①洗净去皮的莲藕切片；洗好去皮的雪梨去核，切片。

②锅中加水烧开，加入白醋、盐，倒入藕片、雪梨，煮片刻。

③捞出焯好的莲藕、雪梨，沥干水分，备用。

④将焯过水的藕片和雪梨片倒入碗中，放入葱花、枸杞。

⑤加入白糖、盐、白醋，搅拌至食材入味，装入盘中即可。

雪梨拌莲藕

| 烹饪时间：3分钟　　| 营养功效：降低血压

🌶 原料

莲藕200克，雪梨180克，枸杞、葱花各少许

🍲 调料

白糖7克，白醋11毫升，盐3克

制作指导：

将拌好的食材用保鲜膜包好，放进冰箱冷冻一下再食用，口感更佳。

洋葱

别名	玉葱、葱头、洋葱头、圆葱。
性味	性温，味甘、微辛。
归经	归肝、胃、肺经。

✔ 适宜人群

高血压、高血脂等心血管患者宜食。

✘ 不宜人群

凡有皮肤瘙痒性疾病和患有眼疾、眼部充血者忌食，肺胃发炎者少食。

营养功效

◎**安神助眠**：洋葱特有的刺激成分，能镇静神经、诱人入眠，起到安神助眠的作用。

◎**防癌抗癌**：洋葱富含硒元素和槲皮素，能刺激人体免疫反应，从而抑制癌细胞的分裂和生长，同时还可降低致癌物的毒性。

◎**开胃消食**：洋葱含有葱蒜辣素，可以刺激胃、肠及消化腺分泌，增进食欲，促进消化。

TIPS

切洋葱时会散发强烈的辣味，易刺激眼睛。可将洋葱放进冰箱冷冻室里，过1~2分钟后拿出再切，就不会刺眼了。

食材清洗

①将洋葱放入清水中，加盐，浸泡10~15分钟。

②将洋葱捞出，切去头尾，剥去外面的老皮。

③将洋葱用清水冲洗干净，沥去水分即可。

食材加工

①将洋葱切开，切去不平整的边角。

②将洋葱的切口向下，纵向切几刀。

③将洋葱切成小块即可。

❶锅中注入适量清水烧开，倒入洗净的玉米粒。

❷略煮片刻，放入洗净的洋葱条，搅匀。

❸再煮一小会儿，至食材断生后捞出，沥干水分，待用。

❹取一大碗，倒入焯过水的食材，放入凉拌汁。

玉米拌洋葱

▌烹饪时间：2分钟　▌营养功效：防癌抗癌

🌶 原料

玉米粒75克，洋葱条90克，凉拌汁25毫升

🍲 调料

盐2克，生抽4毫升，芝麻油适量，白糖少许

制作指导：

洋葱焯煮的时间不宜太长，以免使其口感过于绵软。

❺加入生抽、盐、白糖、芝麻油，拌至入味，盛入盘中即成。

① 洗净的洋葱切成丝；洗好的红椒去籽，切成丝。

② 热锅注油烧热，放入洋葱、红椒，炸出香味，捞出待用。

③ 锅底留油，注水烧开，放入盐，倒入腐竹煮熟，捞出。

④ 将腐竹装入碗中，放入洋葱和红椒，再放入少许葱花。

⑤ 加入盐、鸡粉、生抽、芝麻油、辣椒油拌匀即可。

洋葱拌腐竹

烹饪时间：5分钟 | 营养功效：益智健脑

原料

洋葱50克，水发腐竹200克，红椒15克，葱花少许

调料

盐3克，鸡粉2克，生抽4毫升，芝麻油2毫升，辣椒油3毫升，食用油适量

制作指导：

腐竹以煮至刚熟为佳，过熟或没熟都会影响口感，不利于营养元素的消化吸收。

豆芽拌洋葱

| 烹饪时间：3分钟 | 营养功效：清热解毒

🌶 原料

黄豆芽100克，洋葱90克，胡萝卜40克，蒜末、葱花各少许

🍲 调料

盐2克，鸡粉2克，生抽4毫升，陈醋3毫升，辣椒油、芝麻油各适量

🍴 做法

❶将洗净的洋葱切成丝，备用。

❷去皮洗好的胡萝卜切片，改切成丝。

❸锅中注水烧开，放入黄豆芽、胡萝卜，煮1分钟，至其断生。

❹再放入洋葱，煮半分钟。

❺把焯煮好的食材捞出，装入碗中。

❻放入蒜末、葱花，倒入生抽、盐、鸡粉、陈醋、辣椒油。

❼淋入芝麻油，拌匀。

❽将拌好的材料盛出，装入盘中即可。

莴笋

别名	莴苣、白苣、莴菜、千金菜。
性味	性凉，味甘、苦。
归经	归胃、膀胱经。

✔ 适宜人群

适用于老人、儿童、用脑过度的人，以及高血压、心脏病患者。

✘ 不宜人群

脾胃虚寒者、患有眼病者不宜食。

营养功效

◎促进骨骼生长：莴笋中所含的氟元素，可参与牙釉质和牙本质的形成，参与骨骼的生长。

◎防治贫血：莴笋含有一定量的微量元素锌、铁，特别是莴笋中的铁元素很容易被人体吸收，经常食用新鲜莴笋，可以防治缺铁性贫血。

◎降低血糖：莴笋中含有维生素B_3，是胰岛素的激活剂，可改善体内血糖的代谢功能。

TIPS

将买来的莴笋放入盛有凉水的器皿内，水淹至莴笋主干1/3处，放置室内3～5天，叶子仍呈绿色，莴笋主干仍然很新鲜，削皮后炒吃还鲜嫩可口。

食材清洗

①将莴笋去皮，切除根部，切成两截。

②莴笋放入清水中，加盐，浸泡10分钟左右。

③用清水冲洗莴笋2～3遍，再沥干水分即可。

食材加工

①取一截莴笋，从中间切成两截。

②从切口的地方用斜刀切成片状。

③将整截莴笋切成薄片，装入盘中即可。

酱酸莴笋

┃制作时间：1天2小时 ┃营养功效：补钙

原料

莴笋270克

调料

盐6克，白糖12克，甜面酱15克

做法

①将去皮洗净的莴笋切滚刀块，备用。

②把莴笋块装入碗中，加入适量盐。

③快速搅匀，腌渍约2小时，使食材变软。

④再注入适量清水，洗去盐分。

⑤沥干水分后装入碗中，加入白糖、甜面酱，拌至糖分溶化。

⑥取一个玻璃罐，盛出拌好的材料。

⑦扣紧盖子，置于阴凉处腌渍约1天，至食材入味。

⑧最后把腌好的菜肴盛入盘中即可。

凉拌莴笋

▌烹饪时间：3分钟 ▌营养功效：降低血压

🌶 原料

莴笋100克，胡萝卜90克，黄豆芽90克，蒜末少许

🍲 调料

盐3克，白糖2克，生抽4毫升，陈醋7毫升，芝麻油、食用油各适量，鸡粉少许

🍴 做法

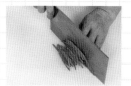

❶将洗净去皮的胡萝卜切成细丝。

❷洗好去皮的莴笋切薄片，改切成丝。

❸锅中注入适量清水烧开，加入少许盐、食用油。

❹倒入胡萝卜丝、莴笋丝，搅拌匀，煮约1分钟。

❺再放入洗净的黄豆芽，搅拌几下，煮约半分钟。

❻至食材熟透后捞出，沥干水分。

❼将焯煮好的食材装入碗中，撒上蒜末。

❽加盐、鸡粉、白糖、生抽、陈醋、芝麻油拌入味即可。

炝拌莴笋

▍制作时间：215分钟 ▍营养功效：增强免疫力

🌶️ **原料**

莴笋260克，干辣椒、花椒、姜丝各少许

🍲 **调料**

白醋6毫升，白糖5克，盐6克，食用油适量

🍴 **做法**

①洗净去皮的莴笋切段，再切厚片，改切成条形，备用。

②将莴笋条放入碗中，加入盐，搅匀，腌渍约30分钟。

③在碗中注入适量清水，洗去多余盐分。

④将水倒去，撒上姜丝，待用。

⑤用油起锅，放入花椒、干辣椒，爆香。

⑥捞出炒好的材料，并盛出部分，浇在莴笋上。

⑦锅底留油烧热，倒入白醋、白糖，调成味汁，浇在莴笋上。

⑧将碗中的材料拌匀，腌渍约3小时至食材入味，装盘即可。

✕ 做法

❶洗好的莴笋切片，切丝；洗净的胡萝卜切片，改刀切丝。

❷锅中注水烧开，放入莴笋丝和胡萝卜丝，焯煮至断生。

❸捞出焯好的莴笋和胡萝卜，装碗待用。

❹加入部分黑芝麻，放入盐、鸡粉、白糖、醋、芝麻油拌匀。

❺将拌好的菜肴装在盘中，撒上剩余黑芝麻点缀即可。

黑芝麻拌莴笋丝

▌烹饪时间：6分钟 ▌营养功效：瘦身排毒

🌶 原料

去皮莴笋200克，去皮胡萝卜80克，黑芝麻25克

🍲 调料

盐2克，鸡粉2克，白糖5克，醋10毫升，芝麻油少许

制作指导：

焯好的莴笋和胡萝卜可以过一下冷水，这样吃起来口感更爽脆。

醋拌莴笋萝卜丝

| 烹饪时间：3分钟　　| 营养功效：降压降糖

原料

莴笋140克，白萝卜200克，蒜末、葱花各少许

调料

盐3克，鸡粉2克，陈醋5毫升，食用油适量

制作指导：

切食材时，刀工要整齐，以免成菜不美观。

做法

❶ 分别将洗净去皮的白萝卜、莴笋切成细丝，备用。

❷ 锅中注水烧开，放入盐、油，倒入白萝卜丝、莴笋丝搅匀。

❸ 至食材熟软后捞出，沥干水分，放在碗中。

❹ 撒上蒜末、葱花，加入盐、鸡粉，淋入陈醋。

❺ 搅拌一会儿，至食材入味，装盘即可。

竹笋

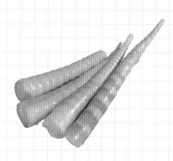

别名	笋、毛笋、竹芽、竹萌、冬笋。
性味	性微寒，味甘。
归经	归胃、大肠经。

✔ 适宜人群

一般人群均可食用，尤其适合肥胖、便秘者食用。

✘ 不宜人群

胃溃疡、肾炎患者忌食。

营养功效

◎**开胃消食**：竹笋含有一种白色的含氮物质，构成了竹笋独有的清香，具有开胃、促进消化、增强食欲的作用，可用于胃胀、消化不良、胃口不好等病症的辅助食疗。

◎**增强免疫力**：竹笋中植物蛋白、维生素及微量元素的含量均很高，有助于增强机体的免疫功能，提高防病抗病能力。

TIPS

近笋尖部的地方宜顺切，下部宜横切，这样烹制时不但易熟烂，而且更易入味。鲜笋存放时不要剥壳，否则会失去清香味。

食材清洗

①先将竹笋的外衣剥除。

②用削皮刀将竹笋的硬皮削去。

③用清水冲洗干净竹笋，沥干水即可。

食材加工

①取一块洗净去皮的竹笋，切成平整的方块。

②顶刀将竹笋切成薄片。

③将薄片摆放整齐，将所有的竹笋切成细丝即可。

香辣竹笋

| 烹饪时间：2分钟 | 营养功效：开胃消食

🌶 **原料**

竹笋180克，红椒25克，姜块15克，葱花少许

🍲 **调料**

辣椒酱25克，料酒4毫升，白糖2克，食用油适量，鸡粉、陈醋各少许

🍴 **做法**

①洗净去皮的竹笋切片；红椒洗净去籽，切丝；姜块洗净切丝。

②锅中注水烧开，倒入竹笋，再淋入少许料酒，略煮一会儿。

③捞出竹笋，沥干水分，待用。

④用油起锅，倒入姜丝，爆香，倒入红椒丝，炒匀。

⑤撒上葱花，倒入辣椒酱，翻炒均匀。

⑥注入适量清水，加入白糖、鸡粉、陈醋，调成味汁。

⑦关火后将味汁盛出，装入碗中待用。

⑧将焯好的竹笋装盘，浇上味汁即可。

做法

❶去皮洗好的竹笋切
成小块；洗净的红椒
去籽，切成丝。

❷锅中注入适量清水
烧开，倒入竹笋，搅
拌均匀，煮至变软。

❸放入红椒，煮至食
材断生。

❹捞出材料，沥干装入
碗中，加入盐、鸡粉。

❺再放入白糖、白
醋，搅拌至食材入
味，装入盘中即可。

凉拌竹笋尖

▍烹饪时间：1分钟　▍营养功效：开胃消食

原料

竹笋129克，红椒25克

调料

盐2克，白醋5毫升，鸡粉、白糖各
少许

制作指导：

竹笋焯水的时间不宜过
长，以免破坏其脆嫩的
口感。

❶将洗净的冬笋切成丝；洗好的红椒去籽，切成丝。

❷锅中注水烧开，加入少许食用油、盐，倒入冬笋，煮1分钟。

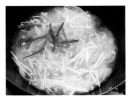

❸倒入洗净的黄豆芽煮至其断生，放入红椒，煮至食材熟透。

冬笋拌豆芽

▎烹饪时间：4分钟　▎营养功效：降压降糖

🌶 原料

冬笋100克，黄豆芽100克，红椒20克，蒜末、葱花各少许

🍲 调料

盐3克，鸡粉2克，芝麻油2毫升，辣椒油2毫升，食用油3毫升

制作指导：

冬笋和黄豆芽口感都很爽脆，入锅煮制的时间不宜过长。

❹把煮熟的食材捞出，装入碗中。

❺加入盐、鸡粉，放蒜末、葱花、芝麻油、辣椒油拌匀即可。

魔芋

别名	蒟蒻、鬼芋。
性味	性寒，味辛
归经	归心、肝经。

✔ 适宜人群
一般人群均可食用，尤其是糖尿病患者和肥胖者的理想食品。

✘ 不宜人群
皮肤病患者慎食。

营养功效

◎**降低胆固醇：** 魔芋中的葡甘聚糖能有效抑制小肠对胆固醇、胆汁酸等脂肪分解物质的吸收，促进脂肪排出体外，降低血清中甘油三酯和胆固醇总量。

◎**降低血糖：** 魔芋含有可溶性膳食纤维，这种纤维对抑制餐后血糖升高很有效，因而魔芋是糖尿病患者的理想降糖食品。

◎**防癌抗癌：** 魔芋所含的优良膳食纤维能刺激机体，产生一种杀灭癌细胞的物质。

TIPS
生魔芋有毒，不可生食，必须煎煮3小时以上才可食用，且每次食量不宜过多。

食材清洗

①将魔芋放入容器，加水，浸泡10分钟左右。

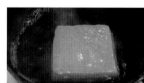
②放入沸水锅中，汆煮。

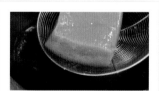
③汆煮3分钟左右，捞出即可。

食材加工

①取汆烫过的魔芋，用刀切大块状。

②将大块摆放整齐，切方块状。

③依次切成方块即可。

❶将洗净的黄瓜切成细丝。

❷取一小碗，撒上备好的蒜末、葱花，淋上生抽。

❸加入盐、白糖，注入陈醋、芝麻油，调成味汁，待用。

❹锅中加水烧开，倒入魔芋小结，焯煮约2分钟，捞出。

韩式辣酱拌魔芋结

▎烹饪时间：4分钟　▎营养功效：开胃消食

🌶 原料

魔芋小结150克，黄瓜120克，韩式辣椒酱20克，蒜末、葱花各少许

🍲 调料

盐2克，白糖少许，生抽3毫升，陈醋6毫升，芝麻油、食用油各适量

制作指导：

焯煮魔芋时可加入少许盐，能有效去除腥味。

❺黄瓜丝摆盘，盛入焯水食材，浇上味汁、韩式辣椒酱即可。

✕ 做法

❶洗净的朝天椒切圈；皮蛋切小瓣儿。

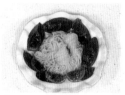

❷魔芋大结焯水后捞出摆盘，在盘沿摆放上切好的皮蛋。

❸取一碗，倒入朝天椒圈、蒜末、姜末、葱花。

❹加入生抽、陈醋、盐、白糖、芝麻油、辣椒油，搅拌均匀。

❺放入香菜叶，制成调味汁，浇在魔芋大结上即可。

皮蛋拌魔芋

▌烹饪时间：5分钟　▌营养功效：瘦身排毒

🌶 原料

魔芋大结280克，去壳皮蛋2个，朝天椒5克，香菜叶、蒜末、姜末、葱花各少许

🍲 调料

盐2克，白糖3克，芝麻油、生抽、陈醋、辣椒油各5毫升

制作指导：

搅拌时加入陈醋，可以帮助消化，更有利于食物营养的吸收。

菠菜拌魔芋

| 烹饪时间：4分钟 | 营养功效：降低血压

🌶 原料

魔芋200克，菠菜180克，枸杞15克，熟芝麻、蒜末各少许

🍲 调料

盐3克，鸡粉2克，生抽5毫升，芝麻油、食用油各适量

🍴 做法

①洗净的魔芋切成小方块；洗好的菠菜切去根部，再切成段。

②锅中注水烧开，加入盐、鸡粉，倒入魔芋块，煮约1分钟。

③至食材熟软后捞出，沥干水分。

④沸水锅中再注入少许食用油，倒入切好的菠菜，搅匀。

⑤煮约1分钟，至其断生后捞出，沥干水分，待用。

⑥取一个干净的碗，倒入煮熟的魔芋块，放入焯好的菠菜。

⑦倒入洗净的枸杞，撒上蒜末，加生抽、鸡粉、盐、芝麻油。

⑧搅拌一会儿，至食材入味，盛入盘中，撒上熟芝麻即成。

黑木耳

别名	树耳、木蛾、黑菜。
性味	性平，味甘。
归经	归肺、胃、肝经。

✔ 适宜人群

适合心脑血管疾病、结石症患者食用。

✘ 不宜人群

有出血性疾病、腹泻者的人应不食或少食；孕妇不宜多吃。

💪 营养功效

◎**充当减肥食品**：黑木耳含有丰富的纤维素和一种特殊的植物胶质，能促进肠胃蠕动和肠道脂肪食物的排泄，防止肥胖发生。

◎**防癌抗癌**：黑木耳中的食物纤维能起到预防直肠癌及其他消化系统癌症的作用。

◎**防止动脉粥样硬化**：黑木耳能阻止血压中胆固醇沉积，帮助改变血液凝固状，缓和动脉硬化。

TIPS

将黑木耳放入温水中，加点盐，浸泡半小时以上，可以让木耳快速变软，如果泡发后仍然紧缩在一起的部分则不宜食用。而鲜木耳含有毒素，不可食用。

食材清洗

①取一盆温水，将黑木耳全部放入。

②加入适量淀粉，浸泡15分钟左右。

③用手搓洗黑木耳，冲洗干净，沥干水分即可。

食材加工

①取黑木耳用刀切去蒂，切成宽条。

②将黑木耳摆放整齐，用直刀法切小片。

③将切好的黑木耳装入盘中即可。

❶洗净的红椒、青椒切片；洗净的木耳、银耳切小朵，备用。

❷把芥末酱装入小碟中，加入少许生抽，调成味汁，待用。

❸取一个干净的大碗，放入处理好的银耳、木耳。

❹倒入青椒、红椒，加盐、白糖、鸡粉、生抽，倒入味汁。

❺匀速地搅拌一会儿，至食材入味，装入盘中即成。

凉拌双耳

| 烹饪时间：1分钟　| 营养功效：开胃消食

原料

水发银耳180克，水发木耳140克，青椒15克，红椒10克，芥末酱少许

调料

盐2克，鸡粉2克，白糖少许，生抽6毫升

制作指导：

木耳最好选用温开水泡发，这样更容易清除其杂质。

芝麻拌黑木耳

┃ 烹饪时间：3分钟 ┃ 营养功效：降低血压

🌶 原料

水发黑木耳70克，彩椒50克，香菜20克，熟白芝麻少许

🍲 调料

盐3克，鸡粉2克，陈醋5毫升，芝麻油2毫升，生抽5毫升，食用油适量

🍴 做法

❶洗好的黑木耳切小块；洗净的彩椒切小块；洗好的香菜切段。

❷锅中加水烧开，放入盐、食用油，放入黑木耳，煮半分钟。

❸倒入彩椒块，搅拌匀，再煮半分钟，至食材熟透。

❹捞出焯煮好的黑木耳和彩椒，沥干水分，待用。

❺将黑木耳和彩椒装入碗中，加入少许盐、鸡粉。

❻放入香菜段，淋入陈醋，倒入芝麻油、生抽。

❼用筷子拌匀调味。

❽盛出拌好的食材，装入盘中，撒上熟白芝麻即成。

黑木耳腐竹拌黄瓜

▌烹饪时间：3分钟 ▌营养功效：降低血压

🌶️ 原料

水发黑木耳40克，水发腐竹80克，黄瓜100克，彩椒50克，蒜末少许

🍲 调料

盐3克，鸡粉少许，生抽4毫升，陈醋4毫升，芝麻油2毫升，食用油适量

🍴 做法

❶将腐竹洗净，切成段；洗好的彩椒、黄瓜、黑木耳切小块。

❷锅中加水烧开，放入盐、食用油、黑木耳搅匀，煮至沸。

❸加入腐竹拌匀，煮至沸，再煮1分钟。

❹倒入彩椒、黄瓜，拌匀，略煮片刻。

❺捞出焯煮好的食材，沥干水分。

❻将焯过水的食材装入碗中，放入蒜末。

❼加入盐、鸡粉，淋入生抽、陈醋、芝麻油。

❽用筷子拌匀至入味，装入盘中即可。

香菇

别名	菊花菇、合蕈。
性味	性平，味甘。
归经	归脾、胃经。

✔ 适宜人群

适合贫血者、抵抗力低下者、高血脂患者、高血压患者、动脉硬化患者、糖尿病患者、肾炎患者食用。

✘ 不宜人群

脾胃寒湿气滞或皮肤瘙痒患者忌食。

营养功效

◎ **防流感**：香菇中含有干扰素诱生剂，具有防治流感的作用。

◎ **抗癌**：香菇中含有的抗癌物质香菇多糖、3-β-葡萄糖苷酶，能提高机体抑制癌细胞的能力，间接杀灭癌细胞，阻止癌细胞扩散。

◎ **提高免疫力**：香菇中所含的多糖，能提高辅助性T细胞的活力，从而增强人体体液免疫功能。

TIPS

香菇的里层藏有许多细小沙粒，可先把香菇倒在盆内，用温水浸泡1小时，再用手将盆中水朝一个方向搅约10分钟，使香菇中的沙粒随之沉入盆底。

食材清洗

①将香菇放入容器，加入适量温水。

②浸泡20分钟左右。

③将香菇清洗干净，沥干水分即可。

食材加工

①取洗净的香菇，用刀将香菇柄切除。

②用直刀法将香菇切成细丝状。

③将切好的香菇放入盘中即可。

豆皮丝拌香菇

┃烹饪时间：5分钟　┃营养功效：增强免疫力

🌶️ 原料

香干4片，红椒30克，水发香菇25克，蒜末少许

🍲 调料

盐、鸡粉、白糖各2克，生抽、陈醋、芝麻油各5毫升，食用油适量

🍴 做法

❶洗净的香干、红椒切丝；洗净的香菇去柄，切丝。

❷锅中加水烧开，倒入香干丝，焯煮片刻，捞出沥干装盘。

❸再倒入香菇丝，焯煮片刻，关火后捞出香菇丝，沥干装盘。

❹香干加入盐、鸡粉、白糖、生抽、陈醋、芝麻油拌匀。

❺用油起锅，倒入香菇丝，炒匀。

❻放入蒜末、红椒丝，炒匀。

❼加入盐，翻炒约2分钟至熟。

❽关火后盛出炒好的菜肴，放入装有香干丝的碗中拌匀即可。

香菇拌菜心

▌烹饪时间：6分钟 ▌营养功效：清热解毒

🌶 原料

鲜香菇100克，菜心50克

🍲 调料

盐3克，生抽3毫升，鸡粉、陈醋、芝麻油、食用油各适量

🍴 做法

❶将洗净的鲜香菇去蒂，切成小块。

❷锅中倒水烧开，加入食用油、洗净的菜心，加盐，拌匀。

❸煮约2分钟至菜心熟，捞出备用。

❹把香菇倒入沸水锅中，煮约2分钟至熟，捞出香菇。

❺将香菇装入碗中，加入生抽、陈醋、盐、鸡粉。

❻再淋入芝麻油，用勺子拌匀至入味。

❼菜心加入盐、鸡粉、生抽，用筷子拌匀至入味。

❽将菜心摆入盘中，再摆上香菇即可。

红油香菇

▌烹饪时间：3分钟　▌营养功效：益气补血

🌶 原料

鲜香菇150克，红椒15克，蒜末、葱花各少许

🍲 调料

盐5克，鸡粉、生抽、辣椒油、食用油各适量

制作指导：

香菇本身味道很鲜美，不宜加过多鸡粉，以免掩盖香菇本身的鲜味。

🍴 **做法**

❶将洗净的香菇切成小块；洗净的红椒切成圈。

❷锅中倒水烧开，加入盐、食用油，放入香菇，煮至熟。

❸把煮熟的香菇捞出，倒入碗中，加入红椒、葱花、蒜末。

❹加入盐、鸡粉、生抽、辣椒油。

❺用勺子拌匀至食材入味，装盘即成。

金针菇

别名	冬蘑、金钱菌、冻菌、金菇。
性味	性凉，味甘。
归经	归脾、大肠经。

✔ 适宜人群

一般人群均可食用，尤其适合便秘、高血压、高血脂、肥胖等人群。

✘ 不宜人群

脾胃虚寒者不宜过多食用。

营养功效

◎**促进新陈代谢**：金针菇能有效增强人体的生物活性，促进新陈代谢，有利于各种营养素的吸收。

◎**抗癌**：金针菇中含有的朴菇素，能有效抑制肿瘤的生长，有明显的抗癌作用。

◎**降胆固醇**：金针菇所含膳食纤维能有效降低胆固醇，可抑制血脂升高，降低胆固醇，防治心脑血管疾病，对某些重金属也有解毒、排毒作用。

TIPS

金针菇食用方式多种多样，可清炒、煮汤，亦可凉拌，还是火锅的原料之一；金针菇宜熟食，不宜生吃，变质的金针菇不要吃。

食材清洗

①用刀将金针菇的根部整齐切除。

②把金针菇放进盆里，加入清水和少许食盐浸泡。

③将金针菇清洗干净，沥干水分即可。

食材加工

①取洗净的金针菇，摆齐，用刀将根部切平整。

②用直刀法将金针菇拦腰切开。

③将切好的段摆放整齐，装盘即可。

清拌金针菇

烹饪时间：4分钟　营养功效：开胃消食

原料

金针菇300克，朝天椒15克、葱花少许

调料

盐2克，鸡粉2克，蒸鱼豉油30毫升，白糖2克，橄榄油适量

制作指导：

金针菇煮的时间不宜过长，控制在1分钟左右，这样能保持其鲜嫩的口感。

做法

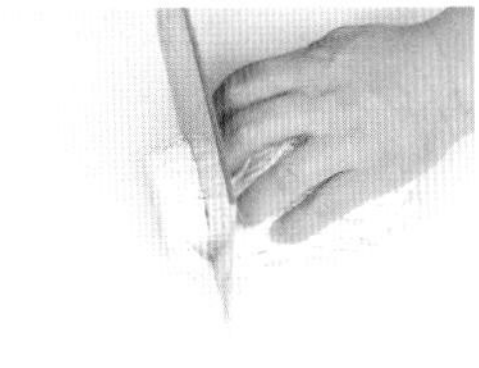

❶将洗净的金针菇切去根部；将洗净的朝天椒切圈，备用。

❷锅中注水烧开，放盐、橄榄油，倒入金针菇，煮至熟。

❸把煮好的金针菇捞出，沥干水分，装入盘中，摆放好。

❹朝天椒加蒸鱼豉油、鸡粉、白糖拌匀，浇在金针菇上。

❺撒上葱花，淋上烧热的橄榄油即成。

① 金针菇洗净去根；胡萝卜洗净去皮切丝；芹菜洗净切段。

② 锅中注水烧开，加入食用油，放入胡萝卜、芹菜、金针菇。

③ 至食材熟软后捞出，沥干装入碗中，撒上蒜末。

④ 加入盐、白糖，再淋入生抽、陈醋。

⑤ 倒入芝麻油搅拌一会儿，至食材入味，盛出摆盘即成。

✖ 做法

金针菇拌芹菜

▌烹饪时间：2分钟　　▌营养功效：降低血压

🌶 原料

金针菇100克，胡萝卜90克，芹菜50克，蒜末少许

🍲 调料

盐、白糖各2克，生抽6毫升，陈醋12毫升，芝麻油、食用油各适量

制作指导：

芹菜的口感清脆，焯煮的时间不宜太长，以免口感变差。

菠菜拌金针菇

▌烹饪时间：4分钟 ▌营养功效：降低血压

原料

菠菜200克，金针菇180克，彩椒50克，蒜末少许

调料

盐3克，鸡粉少许，陈醋8毫升，芝麻油、食用油各适量

做法

❶金针菇洗净，去根；菠菜洗净去根，切段；彩椒洗净切粗丝。

❷锅中注水烧开，加入食用油、盐，倒入菠菜，煮约1分钟。

❸至食材熟软后捞出，沥干水分。

❹再倒入切好的金针菇，放入彩椒丝，搅拌匀，煮约半分钟。

❺至食材熟软后捞出，沥干水分。

❻取一个干净的碗，倒入焯煮过的菠菜、金针菇和彩椒丝。

❼撒上蒜末，加入盐、鸡粉，淋入陈醋。

❽滴上芝麻油，搅拌至食材入味，盛入盘中摆好即成。

金针菇拌黄瓜

| 烹饪时间：3分钟　| 营养功效：降压降糖

🌶 原料

金针菇110克，黄瓜90克，胡萝卜40克，蒜末、葱花各少许

🍲 调料

盐3克，食用油2毫升，陈醋3毫升，生抽5毫升，鸡粉、辣椒油、芝麻油各适量

🍴 做法

❶ 洗净的黄瓜、胡萝卜切丝；洗好的金针菇切去根部。

❷ 锅中注水烧开，放入食用油、盐，倒入胡萝卜，煮半分钟。

❸ 放入金针菇，搅匀，煮1分钟，至食材熟透。

❹ 把煮好的金针菇和胡萝卜捞出。

❺ 将黄瓜丝倒入碗中，放入盐拌匀。

❻ 倒入煮好的金针菇、胡萝卜。

❼ 放入少许蒜末、葱花，加入适量鸡粉、陈醋、生抽。

❽ 淋入辣椒油、芝麻油，拌匀，装入盘中即可。

腊八豆拌金针菇

| 烹饪时间：2分钟 | 营养功效：益智健脑

🌶 原料

腊八豆酱20克，金针菇130克，葱花少许

🍲 调料

盐1克，鸡粉2克，芝麻油、食用油各适量

制作指导：

腊八豆酱本身有咸味，所以可以少放盐，以免影响金针菇的口感。

❶将洗净的金针菇切去老茎，装入盘中，待用。

❷锅中注水烧开，加入盐、食用油，放入金针菇，煮至熟透。

❸将煮熟的金针菇捞出，装入碗中。

❹加入适量鸡粉、腊八豆酱，撒入葱花。

❺再淋入适量芝麻油，用筷子拌匀调味，装入盘中即成。

杏鲍菇

别名	干贝菇、侧耳、芹侧耳、芹平菇。
性味	性凉，味甘。
归经	归肝、胃经。

✔ 适宜人群

一般人皆可食用，尤其适合老年人、身体虚弱者以及便秘者。

✘ 不宜人群

湿疹患者禁食。

营养功效

◎**预防心血管疾病**：经常食用杏鲍菇，能软化和保护血管，降低人体中血脂和胆固醇。

◎**增强人体免疫力**：杏鲍菇中蛋白质含量高，且氨基酸种类齐全，能提高人体免疫力。

◎**消食化滞**：食用杏鲍菇，有助于胃酸的分泌和食物的消化，适用于辅助治疗饮食积滞症。

TIPS

杏鲍菇本身就有鲜味，烹饪的时候不用加味精，以免影响口感。

食材清洗

①取一盆淘米水，放入杏鲍菇，浸泡15分钟左右。

②用手抓洗杏鲍菇。

③将杏鲍菇放在流水下冲洗，沥干水分即可。

食材加工

①取洗净的杏鲍菇，用刀将一侧切平整。

②将杏鲍菇切成片状。

③将剩余的杏鲍菇切成片即可。

手撕杏鲍菇

烹饪时间：12分钟 | **营养功效：增强免疫力**

原料

杏鲍菇200克，青椒15克，红椒15克，西红柿片10克，蒜末少许

调料

生抽5毫升，陈醋5毫升，白糖2克，盐2克，芝麻油少许

做法

❶洗净的杏鲍菇切条；洗净的青椒、红椒去籽，切末。

❷蒸锅上火烧开，放入杏鲍菇。

❸盖上锅盖，大火蒸10分钟至熟。

❹掀开锅盖，将杏鲍菇取出放凉。

❺取一个碗，倒入蒜末、青椒、红椒，搅拌均匀。

❻加入生抽、白糖、陈醋、盐、芝麻油，搅匀调成味汁。

❼将放凉的杏鲍菇撕成细条，再撕段。

❽取一个碗，摆上西红柿片，放入杏鲍菇，浇上味汁即可。

杏鲍菇拌苹果

| 烹饪时间：2分钟 | 营养功效：降低血压

 原料

杏鲍菇150克，苹果95克，彩椒50克

🍲 调料

盐3克，鸡粉3克，陈醋5毫升，白糖3克

🍴 做法

❶洗净的彩椒切条；洗好的杏鲍菇切条。

❷洗净的苹果去蒂，去除果皮，切块，去核，切成丝。

❸锅中注水烧开，放入少许盐、鸡粉，倒入杏鲍菇，煮沸。

❹加入彩椒，搅拌匀，略煮片刻。

❺将杏鲍菇和彩椒捞出，沥干水分。

❻将苹果丝装入碗中，倒入焯过水的杏鲍菇和彩椒。

❼加入盐、鸡粉，淋入陈醋，拌匀。

❽放入白糖，继续搅拌片刻，将食材盛入盘中即可。

✕ 做法

❶ 洗净的杏鲍菇切片；洗好的尖椒切小圈；野山椒剁碎。

❷ 锅中加水烧开，倒入杏鲍菇，淋料酒，焯好后捞出过凉水。

❸ 倒出清水，加入野山椒、尖椒、葱丝，放盐、鸡粉、白糖。

❹ 倒入陈醋、食用油拌匀，用保鲜膜封好，入冰箱冷藏4小时。

❺ 取出杏鲍菇，去保鲜膜，倒入盘中，放上少许葱丝即可。

野山椒杏鲍菇

▌制作时间：243分钟　　▌营养功效：增强免疫力

🌶 原料

杏鲍菇120克，野山椒30克，尖椒2个，葱丝少许

🍲 调料

盐、白糖各2克，鸡粉3克，陈醋、食用油、料酒各适量

制作指导：
杏鲍菇在焯水时淋入少量料酒，可以有效去除异味。

豆角

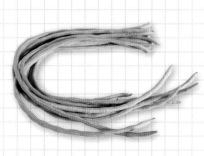

别名	豇豆、江豆、腰豆、裙带豆。
性味	性平，味甘。
归经	归脾、胃经。

✔ 适宜人群
一般人皆可食用，尤其适合糖尿病、肾虚患者。

✘ 不宜人群
气滞便结者慎食。

💪 营养功效

◎**促进新陈代谢**：豆角含优质蛋白质、碳水化合物、维生素以及钙、磷、铁等矿物质，有利于新陈代谢。

◎**增进食欲**：豆角所含B族维生素能使机体保持正常的消化腺分泌和胃肠道蠕动的功能，平衡胆碱酯酶活性，有帮助消化、增进食欲的功效。

◎**提高免疫力**：豆角中所含维生素C，具有促进抗体的合成、抑制病毒、提高免疫力的功效。

TIPS

要预防摄入豆角后中毒，应将豆角彻底焯熟后，再食用，而且用大锅烹饪豆角时，要注意应翻炒均匀，煮熟焖透，使豆角失去原有的生绿色和豆腥味。

食材清洗

①将豆角用清水仔细冲洗干净。

②锅中注水烧热，放入豆角焯烫后捞出。

③将豆角放入盆里，加入清水洗净即可。

食材加工

①取洗净的豆角，从中间切成两段。

②将两部分豆角摆放一起，切整齐。

③再将豆角切成大小均匀的粒即可。

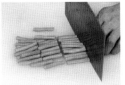
①把洗净的豆角切成4厘米长的段。

②洗净的红椒切开，去籽，切成细丝。

③锅中注水烧热，倒入食用油煮沸，倒入豆角，煮至翠绿色。

④把煮熟的豆角捞出，沥干装碗。

凉拌豆角

▌烹饪时间：4分钟　▌营养功效：开胃消食

🌶 原料

豆角250克，红椒15克，蒜末7克

🍲 调料

盐3克，鸡粉3克，生抽3毫升，陈醋5毫升，芝麻油3毫升，辣椒油少许，食用油适量

制作指导：

焯豆角的时间要把握恰当，煮至其颜色翠绿即可，否则，会丢失凉拌菜的独特风味。

⑤倒入蒜末、红椒丝，加入所有调料拌匀，盛出装盘即可。

做法

❶ 洗好的豆角切长段，备用。

❷ 锅中注入适量清水烧开，放入豆角，加入少许盐。

❸ 煮至断生，捞出豆角，沥干水分。

❹ 取一个大碗，倒入豆角、蒜末。

❺ 放入芝麻酱，加入盐、鸡粉、芝麻油，拌匀，装盘即可。

麻香豆角

▌烹饪时间：4分钟　　▌营养功效：增强免疫力

原料

豆角200克，蒜末少许

调料

盐2克，芝麻酱4克，鸡粉2克，芝麻油5毫升

制作指导：

豆角要煮熟，否则易导致中毒。

麻酱豆角

▌烹饪时间：4分钟　▌营养功效：清热解毒

🌶 **原料**

豆角200克，红椒40克，芝麻酱20克，蒜末少许

🍲 **调料**

盐2克，食粉适量

🍴 **做法**

①将洗净的豆角切成段；洗好的红椒切成圈，备用。

②锅中注水烧开，放入食粉、盐，倒入豆角，煮90秒至熟。

③把煮好的豆角捞出，装入盘中。

④另起锅，倒入适量清水烧开，放入红椒，煮沸。

⑤将煮好的红椒捞出，装盘备用。

⑥把豆角倒入碗中，放入蒜末。

⑦放入红椒，加芝麻酱，拌匀。

⑧把拌好的材料盛出，装入盘中即可。

烙饼拌豆角

| 烹饪时间：7分钟 | 营养功效：益气补血

🌶 原料

豆角300克，烙饼150克，辣椒酱20克，蒜末少许

🍲 调料

盐、白糖各2克，鸡粉3克，芝麻油10毫升

🍴 做法

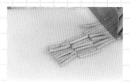

❶洗净的豆角切成小段；烙饼切成丝。

❷锅中注入适量清水烧开，倒入豆角，焯煮片刻。

❸关火，将焯煮好的豆角盛出，沥干水分，装盘备用。

❹碗中倒入豆角，加入盐、白糖、鸡粉、蒜末、辣椒酱。

❺用筷子搅拌均匀。

❻加入芝麻油，搅拌均匀，放置5分钟使其入味。

❼倒入烙饼丝，搅拌均匀。

❽将拌好的菜肴夹出，摆好盘即可。

木耳拌豆角

| 烹饪时间：3分钟 | 营养功效：养心润肺

🌶 原料

水发木耳40克，豆角100克，蒜末、葱花各少许

🍲 调料

盐3克，鸡粉2克，生抽4毫升，陈醋6毫升，芝麻油、食用油各适量

🍴 做法

❶将洗净的豆角切成小段；洗好的木耳切成小块。

❷锅中注水烧开，加入盐、鸡粉，倒入豆角、食用油略煮。

❸放入切好的木耳，搅匀，煮约90秒。

❹至食材断生后捞出，沥干水分。

❺将焯煮好的食材装在碗中，撒上蒜末、葱花。

❻加入盐、鸡粉，淋入生抽、陈醋。

❼再倒入芝麻油，搅拌一会儿，至食材入味。

❽取一个干净的盘子，盛入拌好的食材即成。

豆腐

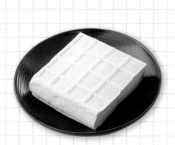

别名	水豆腐、老豆腐。
性味	性凉，味甘。
归经	归脾、胃、大肠经。

✔ 适宜人群

一般人群均可食用，尤其适合老人、孕产妇、脑力工作者、经常加夜班者。

✘ 不宜人群

小儿消化不良者、痛风病人及血尿酸浓度增高的患者慎食。

营养功效

◎**提神醒脑**：豆腐中含有丰富的大豆卵磷脂，有益于神经、血管、大脑的发育生长。

◎**造血益齿**：豆腐对牙齿、骨骼的生长发育颇为有益，在造血功能中可增加血液中铁的含量。

◎**预防心脑血管疾病**：豆腐中的大豆蛋白可降低血浆胆固醇、三酰甘油和低密度脂蛋白，起到降低血脂的作用，有助于预防心血管疾病。

TIPS

将鲜豆腐放在淡盐水中泡半小时之后再烹调，就不易破碎了；豆腐下锅前，先在开水中浸泡十多分钟，可除去泔水异味。

食材清洗

①用清水将豆腐粗洗一遍，备用。

②取一个盆，放入清水。

③将豆腐放入，浸泡15分钟，将苦味泡出来即可。

食材加工

①取一块豆腐切大块，将一端切平整。

②将豆腐切成长块。

③将豆腐摆放整齐，用直刀法切块状即可。

红油皮蛋拌豆腐

┃ 烹饪时间：2分钟 ┃ 营养功效：增强免疫力

🌶️ 原料

皮蛋2个，豆腐200克，蒜末适量，葱花少许

🍲 调料

盐、鸡粉各2克，陈醋3毫升，红油6毫升，生抽3毫升

🍴 做法

❶洗好的豆腐切成厚片，再切成条，改切成小块。

❷去壳的皮蛋切成瓣，摆盘备用。

❸取一个碗，倒入蒜末、葱花。

❹加入盐、鸡粉、生抽。

❺再淋入陈醋、红油，搅拌均匀，制成味汁。

❻将切好的豆腐放在皮蛋上。

❼浇上调好的味汁。

❽撒上葱花即可。

青黄皮蛋拌豆腐

烹饪时间：2分钟 ┃ 营养功效：清热解毒

 原料

内酯豆腐300克，皮蛋1个，熟鸡蛋1个，青豆15克，葱花少许

调料

鸡粉2克，生抽6毫升，香醋2毫升

做法

①将洗净的内酯豆腐切开，再切成小块。

②熟鸡蛋去壳，切成小瓣，再切成小块。

③皮蛋去壳，切成小瓣，待用。

④锅中注水烧开，倒入豆腐略煮，捞出豆腐，沥干备用。

⑤锅中再倒入洗净的青豆，煮至熟透，捞出，沥干备用。

⑥取一个碟子，加入鸡粉、生抽、香醋，搅拌匀，制成味汁。

⑦在豆腐上放入皮蛋、鸡蛋、青豆。

⑧浇上调好的味汁，撒上葱花即可。

❶将洗净的豆腐切厚片，改切成丁。

❷蒸锅注水烧开，分别放入装有洗净的玉米粒和豆腐的盘子。

❸加盖，用大火蒸30分钟至熟透。

❹揭盖，关火后取出蒸好的食材。

玉米拌豆腐

▌烹饪时间：31分钟 ▌营养功效：美容养颜

🌶 **原料**

玉米粒150克，豆腐200克

🍲 **调料**

白糖3克

制作指导：

拌好菜肴后可撒入葱花点缀，以使菜品美观。

❺盘中放入蒸熟的玉米粒、豆腐，趁热撒上白糖即可食用。

腐竹

别名	豆筋。
性味	性平，味甘。
归经	归脾、胃、大肠经。

✔ 适宜人群

一般人群均可食用，尤其适合高血压、高血脂患者，以及咳嗽多痰者。

✘ 不宜人群

糖尿病酸中毒病人、痛风患者、肝病、肾病患者不宜多食。

 营养功效

◎**预防老年痴呆症**：腐竹中含有的谷氨酸能起到健脑作用，对老年痴呆症患者有一定的调养功效。

◎**防治心脑血管疾病**：腐竹中含有的磷脂能有效降低胆固醇，可以防治高脂血症、高血压、冠心病等多种心脑血管疾病。

◎**强健筋骨**：腐竹中含有蛋白质，能够使骨骼更加强健，也减轻外界对骨骼的伤害。

TIPS

腐竹要是炒着吃就要稍微泡软一些，要是做成凉菜吃，就要稍微硬一些。泡腐竹的水最好冬温夏凉，以保持其完整，因为用热水泡过的腐竹非常易碎。

食材清洗

①将腐竹放入容器，加入适量温水。

②静置15分钟左右。

③将腐竹清洗干净，沥干水分即可。

食材加工

①取洗净的腐竹，摆放整齐，用刀将一端切平整。

②用直刀法切段状。

③将切好的腐竹装入盘中即可。

海带拌腐竹

▌烹饪时间：4分钟　　▌营养功效：提神健脑

🌶 原料

水发海带120克，胡萝卜25克，水发腐竹100克

🍲 调料

盐2克，鸡粉少许，生抽4毫升，陈醋7毫升，芝麻油适量

🍴 做法

❶腐竹洗净切段；海带洗净切丝；洗净去皮的胡萝卜切丝。

❷锅中注入适量清水烧开，放入腐竹段，拌匀。

❸略煮一会儿，至其断生后捞出，沥干水分，待用。

❹沸水锅中再倒入海带丝，搅散。

❺用中火煮至其熟透，再捞出材料，沥干水分，待用。

❻取一个大碗，倒入腐竹段和海带丝，撒上胡萝卜丝，拌匀。

❼加入盐、鸡粉，淋入生抽、陈醋，倒入芝麻油。

❽匀速地搅拌一会儿，至食材入味，将菜肴盛入盘中即成。

✂ 做法

❶ 洗好的芹菜、腐竹切成段；洗净去皮的胡萝卜切丝，备用。

❷ 锅中注水烧开，倒入芹菜、胡萝卜，用大火略煮片刻。

❸ 放入腐竹，拌匀，煮至食材断生。

❹ 捞出焯煮好的材料，沥干装入一个大碗中。

❺ 加入盐、鸡粉、胡椒粉、芝麻油，拌匀至食材入味即可。

芹菜胡萝卜拌腐竹

▌烹饪时间：3分钟　　▌营养功效：保护视力

🌶 原料

芹菜85克，胡萝卜60克，水发腐竹140克

🍲 调料

盐、鸡粉各2克，胡椒粉1克，芝麻油4毫升

制作指导：

食材焯水的时间不宜过久，以免影响其爽脆的口感。

PART 3
爽口肉菜

不管是炎炎夏日还是冰雪冬季，开胃凉拌肉菜都是饭桌上不可缺少的美食。凉拌肉菜不仅色香味美，而且不油腻，总能让你吃到停不下来。本章收录了生活中常吃的凉拌肉菜，每一款都有详尽的介绍，简单易学，醇香诱人，让家庭餐桌上的美味愈发丰富起来。

猪肉

别名	豕肉、豚肉、彘肉。
性味	性温，味甘、咸。
归经	归脾、胃、肾经。

✓ 适宜人群

适合阴虚之心烦、咽痛、下利者，以及妇女血枯、月经不调者食用，也适合血友病人出血者食用。

✗ 不宜人群

外感咽痛、寒下利者忌食，患有肝病、动脉硬化、高血压等疾病的患者应少食。

营养功效

◎ **改善贫血**：猪肉含有丰富的维生素 B_1，并能提供血红素和促进铁吸收的半胱氨酸，能有效改善缺铁性贫血。

◎ **保肝护肾**：猪肉中含有的蛋白质对肝脏、肾脏组织有很好的保护作用，能有效保肝护肾。

◎ **美容养颜**：猪肉中含有丰富的胶原蛋白，能滋润肌肤，为皮肤补充营养，将猪皮煮熟制成肉冻食之，能使人皮肤光洁细腻，对女性朋友尤其有效。

TIPS

在炖猪肉时，如果想要使汤味更鲜美，应把猪肉洗净后放入冷水中，用小火慢炖至熟；如果想要使肉味更鲜美，应把猪肉放到沸水里炖熟。

食材清洗

①将猪肉放入碗中，倒入淘米水。

②用手抓洗猪肉。

③用清水冲洗干净。

食材加工

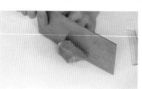
①取一块猪肉放在砧板上，先切成小块。

②将猪肉块再切成薄片。

③把切好的猪肉片装入盘中即可。

黄瓜里脊片

▌烹饪时间：3分钟　▌营养功效：开胃消食

🌶 原料

黄瓜160克，猪瘦肉100克

🍲 调料

鸡粉2克，盐2克，生抽4毫升，芝麻油3毫升，料酒少许

🍴 做法

①洗好的黄瓜切开，去瓤，用斜刀切块。

②洗净的猪瘦肉切开，再切薄片。

③锅中注水烧开，倒入肉片，淋入料酒拌匀，煮至变色。

④捞出肉片，沥干水分，待用。

⑤取一个碗，注入纯净水，加入鸡粉、盐、生抽拌匀。

⑥淋入芝麻油，调成味汁，待用。

⑦另取一个干净的盘子，放入黄瓜、瘦肉，叠放整齐。

⑧浇上味汁，摆好盘即成。

酸辣肉片

| 烹饪时间：60分钟 | 营养功效：养心润肺

原料

瘦肉270克，花生米125克，青椒、红椒各30克，香料（桂皮、丁香、八角、香叶、沙姜、草果、姜块、葱条）各少许

调料

料酒6毫升，生抽12毫升，老抽5毫升，盐3克，鸡粉3克，陈醋20毫升，芝麻油8毫升，食用油适量

做法

❶砂锅中注水烧热，倒入香料，拌匀。

❷放入瘦肉，加入料酒、生抽、老抽，加入盐、鸡粉。

❸烧开后用小火煮约40分钟至熟，捞出放凉，锅中卤水备用。

❹热锅注油烧热，倒入花生米，用小火炸熟，捞出待用。

❺洗好的青椒、红椒切圈；把放凉的瘦肉切厚片，待用。

❻取碗，倒入陈醋、卤水，放入盐、鸡粉、芝麻油。

❼倒入红椒、青椒，拌匀，腌渍约15分钟，制成味汁。

❽将肉片装入碗中摆好，加入花生米，淋上味汁即可。

❶白菜洗净切丝；香菜洗净切段；猪瘦肉洗净切丝。

❷油锅烧热，倒入肉丝炒变色，倒入姜丝、葱丝爆香。

❸加入料酒、盐、生抽炒香，盛入装有白菜的碗中。

香辣肉丝白菜

▌烹饪时间：4分钟　　▌营养功效：开胃消食

🌶 原料

猪瘦肉60克，白菜85克，香菜20克，姜丝、葱丝各少许

🍲 调料

盐2克，生抽3毫升，鸡粉2克，白醋6毫升，芝麻油7毫升，料酒4毫升，食用油适量

制作指导：

将瘦肉冰冻一会儿再切细丝，切出来的成品更美观。

❹将碗中的材料，拌匀，再倒入香菜。

❺加入盐、鸡粉、白醋、芝麻油，拌匀至入味即可。

蒜泥三丝

▌ 烹饪时间：6分钟　▌ 营养功效：益气补血

🌶 原料

火腿120克，水发腐竹80克，红椒20克，香菜15克，蒜末少许

🍲 调料

盐2克，鸡粉2克，生抽4毫升，芝麻油8毫升，食用油适量

🍴 做法

❶洗好的红椒去籽，切成细丝。

❷洗净的腐竹切成粗丝，备用。

❸将火腿切片，再切粗条。

❹锅中注入适量清水，大火烧开，加入食用油。

❺倒入腐竹、红椒，拌匀，煮至断生，捞出沥干水分。

❻取一个大碗，倒入腐竹、红椒，加盐拌匀，腌渍片刻。

❼放入香菜、火腿，撒上蒜末，加入鸡粉、生抽、芝麻油。

❽拌匀至食材入味，再将拌好的菜肴盛入盘中即成。

苦菊拌肉丝

┃烹饪时间：4分钟 ┃营养功效：益气补血

🌶 原料

苦菊200克，猪瘦肉100克，熟花生米90克，彩椒45克，蒜末、葱花各少许

🍲 调料

盐3克，鸡粉3克，甜面酱10克，料酒5毫升，陈醋12毫升，水淀粉、芝麻油、食用油各适量

🔪 做法

❶彩椒洗净切粒；苦菊洗净切段；猪瘦肉洗净切丝。

❷肉丝加盐、鸡粉、水淀粉拌匀上浆，注入食用油腌渍入味。

❸锅中注水烧开，加入食用油、彩椒块，煮至断生后捞出。

❹沸水锅入苦菊拌匀，略煮至其变软，捞出沥干水分。

❺用油起锅，倒入肉丝炒变色，加料酒、盐、鸡粉炒匀。

❻放入甜面酱，炒至肉丝熟透，关火后盛出，待用。

❼将苦菊、彩椒、肉丝装入碗中，撒上蒜末，加盐、鸡粉。

❽淋入陈醋、芝麻油，加葱花拌入味，撒上熟花生米即成。

❶将熟五花肉切薄片；
洗净的红椒切丝。

❷热锅注油烧热，倒
入花生米，低油温炸
约2分钟捞出。

❸肉片卷起，搭在焯
熟的西蓝花上，再摆
上花生米、红椒丝。

❹碗中加入熟白芝
麻，加入辣椒油、白
醋、盐、味精拌匀。

❺将拌好的味汁浇在
肉卷上，撒上余下的
白芝麻即可。

香辣五花肉

▌烹饪时间：5分钟　　▌营养功效：益气补血

🌶 原料

熟五花肉500克，红椒15克，花生米30克，熟白芝麻、西蓝花各少许

🍲 调料

白醋、盐、味精、辣椒油、食用油各适量

制作指导：

将五花肉加盐、味精和香料一起煮熟，味道会更好。

酸菜拌白肉

▌烹饪时间：4分钟 ▌营养功效：益气补血

🌶️ 原料

熟五花肉300克，酸菜200克，红椒15克，蒜末5克

🍲 调料

鸡粉、白糖各少许，生抽3毫升，生粉、芝麻油各适量

🍴 做法

❶将洗净的红椒切开，去籽，切成丝。

❷将洗净的酸菜切丁。

❸将熟五花肉切成片，再切成条。

❹锅中加水烧开，倒入酸菜煮沸，倒入熟五花肉略煮。

❺把煮好的酸菜、熟五花肉捞出，倒入盘中凉凉。

❻取一个大碗，倒入酸菜、熟五花肉。

❼加入鸡粉、白糖、生粉、生抽，加入蒜末、红椒丝。

❽加入芝麻油，用筷子搅拌均匀，盛出装盘即可。

猪肚

别名	猪胃。
性味	性温，味甘、微酸。
归经	归脾、胃经。

✔ 适宜人群

一般人群均可食用，尤其适合虚劳瘦弱、脾胃虚弱、食欲不振者食用。

✘ 不宜人群

肥胖、高血压、高血脂者不宜过多食用。

💪 营养功效

◎**补血养颜**：猪肚中含有丰富的钙、磷、铁等元素，适用于气血虚损、身体瘦弱者，对女性能起到很好的补血养颜作用。

◎**增强免疫力**：猪肚中含有丰富的蛋白质和碳水化合物，可以增强机体的免疫能力。

◎**防癌抗癌**：猪肚中含有多种营养物质，具有很好的防癌抗癌功效。

TIPS

在清洗猪肚的时候，可以将猪肚放盐醋混合液中浸泡片刻，再放入淘米水中泡，然后在清水中轻轻搓洗两遍即可。若在淘米水中放两片橘皮，还可以清除异味。

食材清洗

①将猪肚加盐、生粉、清水，浸泡20分钟。

②揉搓清洗干净猪肚，再用清水冲洗干净。

③把猪肚放入沸水锅中，氽烫后捞出，沥水即可。

食材加工

①将洗净的猪肚从中间切成两半。

②取其中一块猪肚，切分成几大块。

③将猪肚块用斜刀切成片即可。

❶锅中注水烧开，放入洗净的猪肚，汆煮片刻后捞出沥干水分。

❷锅中注水烧开，倒入猪肚、姜片、葱结、白胡椒。

❸加入食用油、盐、生抽、料酒拌匀，加盖，煮至熟软。

❹揭盖，关火后取出卤好的猪肚，放凉后切成粗丝。

卤猪肚

| 烹饪时间：63分钟 | 营养功效：益气补血

🌶 原料

猪肚450克，白胡椒20克，姜片、葱结各少许

🍲 调料

盐2克，生抽4毫升，料酒、芝麻油、食用油各适量

制作指导：

猪肚事先汆煮好，可以去除血渍和异味。

❺放入盘中摆好，浇上芝麻油即可。

凉拌猪肚丝

▌烹饪时间：124分钟　　▌营养功效：增强免疫力

🌶 原料
洋葱150克，黄瓜70克，猪肚300克，沙姜、草果、八角、桂皮、姜片、蒜末、葱花各少许

🍲 调料
盐3克，鸡粉2克，生抽4毫升，白糖3克，芝麻油5毫升，辣椒油4毫升，胡椒粉2克，陈醋3毫升

🍴 做法

❶洗好的黄瓜切丝，备用。

❷锅中注水烧开，倒入切丝的洋葱，煮至断生，捞出待用。

❸砂锅注水烧热，放入沙姜、草果、八角、桂皮、姜片。

❹放入洗好的猪肚，加盐、生抽，烧开后用小火卤2小时。

❺揭开锅盖，捞出猪肚，放凉后切成细丝，备用。

❻碗中倒入猪肚、部分黄瓜，加盐、白糖、鸡粉、生抽。

❼倒入芝麻油、辣椒油、胡椒粉、陈醋，撒上蒜末拌匀。

❽盘中铺上洋葱、剩余的黄瓜，盛上食材，缀上葱花即可。

❶熟猪肚切成粗条。

❷取一个碗，放入切好的猪肚条、葱段。

❸加入盐、鸡粉、生抽、白糖，淋入芝麻油、辣椒油。

❹用筷子拌匀入味，将拌好的猪肚条装入盘中即可。

香葱红油拌肚条

▌烹饪时间：2分钟　　▌营养功效：增强免疫力

🌶 原料

葱段30克，熟猪肚300克

🍲 调料

盐、白糖各2克，鸡粉3克，生抽、芝麻油、辣椒油各5毫升

制作指导：

调味时生抽和芝麻油的量一定不能多，前者易破坏颜色，后者则易破坏辣椒油的味道。

① 将洗净的红椒切成圈；洗好的青椒切成圈，备用。

② 熟猪肚切成丝。

③ 用油起锅，入干辣椒、蒜末爆香，倒入青椒、红椒炒香。

④ 淋辣椒油、花椒油、陈醋，放盐、鸡粉炒匀，制成调料。

⑤ 取干净的玻璃碗，放入猪肚丝，倒入调料拌匀即可。

🍴 做法

辣拌肚丝

▌烹饪时间：2分钟 ▌营养功效：开胃消食

🌶 原料

熟猪肚300克，青椒、红椒各20克，干辣椒5克，蒜末少许

🍲 调料

盐3克，鸡粉2克，陈醋、辣椒油、花椒油、食用油各适量

制作指导：

煮猪肚时应该用大火，不应用小火，这样才能使猪肚膨胀增大。

酸菜拌肚丝

| 烹饪时间：4分钟 | 营养功效：开胃消食

🌶️ 原料

熟猪肚150克，酸菜200克，青椒20克，红椒15克，蒜末少许

🍲 调料

盐2克，鸡粉3克，生抽、芝麻油、食用油各适量

🍴 做法

①将洗好的酸菜切碎，备用。

②洗净的青椒切成段，切开后去除籽，改切成丝。

③洗净的红椒切成段，切开后去除籽，改切成丝。

④将熟猪肚切成丝，备用。

⑤锅中加适量清水烧开，加食用油，倒入酸菜，煮1分钟。

⑥加入青椒、红椒，再煮半分钟至熟，捞出沥干水分。

⑦取一个干净的玻璃碗，倒入酸菜、青椒、红椒、猪肚丝。

⑧加入蒜末，放入盐、鸡粉、生抽、芝麻油，拌入味即可。

猪腰

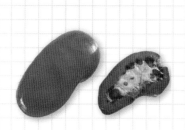

别名	猪肾、猪腰花。
性味	性平，味咸。
归经	归肾经。

✔ 适宜人群

一般人群均可食用，尤其适合肾虚、腰酸腰痛、遗精、盗汗者食用。

✘ 不宜人群

血脂偏高者、高胆固醇者忌食。

营养功效

◎**补肾**：猪腰含有蛋白质、脂肪、碳水化合物、矿物质和维生素等，有健肾补腰、和肾理气之功效。
◎**辅助治疗疾病**：猪腰有补肾益精的作用，可辅助治疗肾虚腰痛之症；另外，猪腰还可利水消滞，有助于缓解身面浮肿的症状。

TIPS

猪腰切好后，加少许白醋，用水浸泡10分钟，腰片会发大，无血水，炒熟后会洁白脆口。

食材清洗

①将猪腰平刀从中一分为二，去掉白色筋膜。

②将猪腰浸泡在加白醋的清水中，揉搓清洗干净。

③往猪腰上撒盐，揉搓片刻后洗净即可。

食材加工

①平刀将猪腰切成两半。

②将猪腰臊筋片去。

③再将猪腰斜刀切成薄片即可。

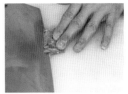

① 将洗净的猪腰对半切开，切去筋膜。

② 猪腰切片，加料酒、味精、盐、生粉拌匀，腌渍10分钟。

③ 锅中加水烧开，倒入腰花拌匀，煮约1分钟至熟，捞出。

④ 腰花中加入盐、味精，再倒入辣椒油、陈醋。

⑤ 加白糖、蒜末、葱花、青椒末、红椒末拌匀，装盘即可。

酸辣腰花

▎烹饪时间：13分钟　　▎营养功效：开胃消食

原料

猪腰200克，蒜末、青椒末、红椒末、葱花各少许

调料

盐5克，味精2克，料酒、辣椒油、陈醋、白糖、生粉各适量

制作指导：

猪腰在烹饪前用绍酒拌匀、捏挤，再用水漂洗干净，最后用开水汆烫，即可去除膻臭味。

蒜泥腰花

▌烹饪时间：14分钟　▌营养功效：保肝护肾

🌶 原料

猪腰300克，蒜末、葱花各少许

🍲 调料

盐3克，味精1克，芝麻油、生抽、白醋、料酒各适量

🍴 做法

❶将洗净的猪腰对半切开，切去筋膜。

❷将猪腰切麦穗花刀，再切片，放入清水中，加白醋洗净。

❸腰花加入料酒、盐、味精拌匀，腌渍10分钟。

❹锅中加清水烧开，倒入腰花。

❺加入料酒去除腰花腥味，再煮约1分钟至熟，捞出。

❻腰花盛入碗中，加蒜末、盐、味精。

❼再加入芝麻油拌匀，加入生抽、葱花，搅拌均匀。

❽将拌好的腰花摆入盘中，浇上碗底的味汁即可。

卤猪腰

| 烹饪时间：8分钟　　| 营养功效：益气补血

原料

猪腰250克，姜片、葱结、香菜段各少许

调料

盐3克，生抽5毫升，料酒4毫升，陈醋、芝麻油、辣椒油各适量

制作指导：

一定要将猪腰的筋膜去除干净方可食用，否则会有很重的腥臊味。

做法

❶ 洗净的猪腰切开，去除筋膜。

❷ 锅中注水烧开，加入料酒、盐、生抽。

❸ 放入姜片、葱结，倒入猪腰，用中火煮至熟。

❹ 将猪腰捞出切成丝，放入碗中，加入香菜段。

❺ 加入生抽、盐、陈醋、辣椒油、芝麻油拌匀即可。

牛肉

别名	黄牛肉。
性味	性平，味甘。
归经	归脾、胃经。

✔ 适宜人群

适合生长发育、术后、病后调养的人，以及气短体虚、筋骨酸软、贫血久病及黄目眩者食用。

✘ 不宜人群

感染性疾病、肝病、肾病者慎食；高胆固醇者、高脂肪者、老年人、儿童、消化力弱的人不宜多吃。

营养功效

◎**健智强身**：牛肉的蛋白质中含有肌氨酸，吸收后能在体内迅速转化为能量，增强肌力，还能提供脑细胞活动需要的能量，有利于大脑发挥功能。

◎**抗癌**：牛肉中含有CLA脂肪酸的抗癌物质，可以很好地抑制癌细胞的生长，能起到防癌抗癌的作用。

◎**增强免疫力**：牛肉的脂肪中含有较多亚油酸，这是一种潜在的抗氧化剂，能增强人体免疫力。

TIPS

炒牛肉忌加碱，易使蛋白质因沉淀变性而失去营养价值；炒牛肉前，用啤酒将面粉调稀，淋于其上拌匀腌渍30分钟，可增加牛肉的鲜嫩度。

食材清洗

①将牛肉切成大块，放进盆里，加清水。

②浸泡约15分钟，可适当揉洗牛肉。

③捞起牛肉，用清水冲洗干净，沥去水分即可。

食材加工

①取一块洗净的牛肉，切大片。

②再将牛肉片切成条。

③将牛肉条堆放整齐，切成丁即可。

凉拌牛肉紫苏叶

▌烹饪时间：2分钟　▌营养功效：增强免疫力

🌶 **原料**

牛肉100克，紫苏叶5克，蒜瓣10克，大葱20克，胡萝卜250克，姜片适量

🍲 **调料**

盐4克，白酒10毫升，生抽8毫升，香醋3毫升，鸡粉2克，芝麻酱4克，芝麻油少许

🍴 **做法**

❶砂锅注水烧热，倒入洗净的蒜瓣、姜片、牛肉，淋入白酒。

❷加盐、生抽，搅匀调味，盖上盖，用中火煮至其熟软。

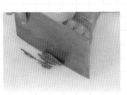

❸揭开锅盖，将牛肉捞出，放凉后切成丝，备用。

❹洗净去皮的胡萝卜切成细丝。

❺洗好的大葱切成丝，放入凉水中。

❻洗好的紫苏叶切去梗，再切丝，待用。

❼取一个碗，放入所有原料，加入盐、香醋、鸡粉。

❽加入芝麻油、芝麻酱拌匀，盛出装入盘中即可。

❶将洗好的小白菜切段；洗净的牛肉剁成肉末。

❷锅中注水烧开，加食用油、盐，放入小白菜焯熟，捞出。

❸用油起锅，倒入牛肉末，淋入料酒炒香，倒入高汤。

❹加入番茄酱、盐、白糖调味，倒入水淀粉，快速拌匀。

❺将牛肉末盛在装好盘的小白菜上即可。

✕ 做法

小白菜拌牛肉末

▎烹饪时间：4分钟　▎营养功效：增强免疫力

🌶 原料

牛肉100克，小白菜160克，高汤100毫升

🍲 调料

盐少许，白糖3克，番茄酱15克，料酒、水淀粉、食用油各适量

制作指导：

炒制牛肉末时高汤不宜倒入太多，以免掩盖牛肉本身的鲜味。

姜汁牛肉

烹饪时间：2分钟　营养功效：增强免疫力

原料
卤牛肉100克，姜末15克，辣椒粉、葱花各少许

调料
盐3克，生抽6毫升，陈醋7毫升，鸡粉、芝麻油、辣椒油各适量

制作指导：
牛肉片不宜切得太厚，否则不易入味。

做法

❶将卤牛肉切成片，把切好的牛肉片摆入盘中。

❷取一个干净的碗，倒入姜末、辣椒粉，放入少许葱花。

❸加入适量盐、陈醋、鸡粉，加入少许生抽、辣椒油。

❹再倒入少许芝麻油，加入少许开水，用勺子搅拌匀。

❺将拌好的调味料浇在牛肉片上即可。

炝拌牛肉丝

| 烹饪时间：4分钟 | 营养功效：开胃消食

🌶 原料

卤牛肉100克，莴笋100克，红椒15克，
白芝麻3克，蒜末少许

🍲 调料

盐3克，鸡粉2克，生抽8毫升，花椒油、芝
麻油、食用油各适量

🍴 做法

①将卤牛肉切成片，再切成丝。

②去皮洗净的莴笋切成长段，切成片，再切成丝。

③洗净的红椒去籽，切成丝，再改切成粒，备用。

④锅中注水烧开，加入食用油、盐，倒入莴笋煮熟，捞出。

⑤取一个碗，倒入牛肉丝、莴笋，放入蒜末、红椒粒。

⑥加入少许鸡粉、盐、生抽。

⑦淋入少许花椒油、芝麻油，用筷子拌至入味。

⑧将拌好的材料倒入盘中，再撒上白芝麻即成。

醋香牛肉

▌烹饪时间：5分钟　▌营养功效：提神健脑

🌶 原料

卤牛肉150克，花生米100克，青椒、红椒各30克，白芝麻、蒜末、葱花各少许

🍲 调料

盐3克，鸡粉2克，陈醋10毫升，生抽8毫升，芝麻油、食用油各适量

🍴 做法

①将洗净的红椒切成圈，备用。

②洗净的青椒切成圈，备用。

③将卤牛肉切厚片，再改切成小块。

④锅中注水烧开，加食用油，倒入青椒、红椒焯熟，捞出。

⑤炒锅注油烧热，倒入花生米，小火炸至熟，捞出。

⑥碗中倒入牛肉、青椒、红椒、花生米，加蒜末和葱花。

⑦放入鸡粉、陈醋，加入生抽、盐、芝麻油，拌匀调味。

⑧将拌好的材料盛出，装入盘中，撒上白芝麻即可。

牛肚

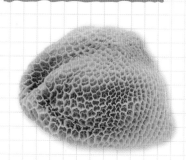

别名	牛胃、牛百叶。
性味	性平，味甘、微苦。
归经	归脾、胃经。

✔ 适宜人群

一般人群均可食用，尤其适合病后虚羸、气血不足、营养不良、脾胃薄弱之人。

✘ 不宜人群

消化不良者不宜食用。

营养功效

◎ **保护骨骼**：牛肚中含有丰富的蛋白质和钙，能够为骨骼生长提供保证，能使骨骼更加坚固，不会轻易受到伤害。

◎ **增强免疫力**：牛肚中含有B族维生素和多种矿物质元素，能起到补益脾胃、补气养血、补虚益精等多种功效，对于年老体弱、大病初愈、五脏虚损等症有补益作用，有助于增强免疫力。

TIPS

先用清水将牛肚表面污垢洗净，再放入盆中，加盐、玉米粉各100克，食醋30毫升，搓洗15分钟再冲洗2遍，再入沸水焯烫后捞出洗净，就不会有异味了。

食材清洗

①将牛肚放入盆中，再倒入淘米水，搅匀。

②浸泡约20分钟，反复搓洗牛肚。

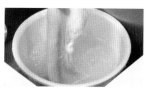

③ 用清水把牛肚冲洗干净，沥去水分即可。

食材加工

①取洗净的牛肚，从中间切成两半。

②取其中的一块，用斜刀切片。

③将余下的牛肚全部切成同样大小的片。

❶取一小碗，加入芝麻酱、蒜末、姜片、葱花。

❷加生抽、白糖、鸡粉、陈醋、芝麻油、辣椒油拌匀成味汁。

❸取一大碗，倒入洗净的熟牛肚，放入青椒丝、红椒丝。

❹倒入味汁拌匀，撒上白芝麻，搅拌均匀，至食材入味。

❺将拌好的凉菜盛入盘中即可。

麻酱拌牛肚

| 烹饪时间：2分钟 | 营养功效：开胃消食

🌶️ 原料

熟牛肚300克，红椒丝、青椒丝各10克，白芝麻15克，芝麻酱10克，蒜末、姜末、葱花各少许

🍲 调料

鸡粉2克，白糖3克，生抽、陈醋、芝麻油各5毫升，辣椒油少许

制作指导：

牛肚要去尽油脂和筋，方可食用，否则不易嚼烂。

① 洗净的红椒切细丝，备用。

② 洗好的牛百叶切开，再切粗条。

③ 锅中注水烧开，倒入牛百叶、红椒煮熟，捞出待用。

④ 取一个大碗，倒入牛百叶、红椒，撒上香菜。

⑤ 加入盐、鸡粉、食用油，倒入芥末糊，拌入味即可。

芥末牛百叶

▌烹饪时间：2分钟　　▌营养功效：开胃消食

🌶 原料

牛百叶300克，芥末糊30克，红椒10克，香菜少许

🍲 调料

盐1克，鸡粉1克，食用油10毫升

制作指导：

汆煮好的牛百叶再过一遍凉开水，口感会更加爽脆。

凉拌牛百叶

┃烹饪时间：3分钟 ┃营养功效：益气补血

原料

牛百叶350克，胡萝卜75克，花生碎55克，荷兰豆50克，蒜末20克

调料

盐、鸡粉各2克，白糖4克，生抽4克，芝麻油、食用油各少许

做法

①洗净去皮的胡萝卜切成细丝。

②洗好的牛百叶切片；洗净的荷兰豆切成细丝。

③锅中注水烧开，倒入牛百叶拌匀，煮约1分钟，捞出。

④沸水锅中注油略煮，倒入胡萝卜、荷兰豆焯熟，捞出。

⑤取一盘，盛入部分胡萝卜、荷兰豆垫底，待用。

⑥取一碗，倒入牛百叶及余下的胡萝卜、荷兰豆。

⑦加盐、白糖、鸡粉，撒上蒜末，淋入生抽、芝麻油拌匀。

⑧加入花生碎，拌匀至其入味，盛入盘中，摆好即可。

米椒拌牛肚

| 烹饪时间：4分钟　　| 营养功效：益气补血

🌶️ 原料

牛肚200克，泡小米椒45克，蒜末、葱花各少许

🍲 调料

盐4克，鸡粉4克，辣椒油4毫升，料酒10毫升，生抽8毫升，芝麻油、花椒油各2毫升

🍴 做法

❶锅中注入适量清水，大火烧开，倒入切好的牛肚。

❷淋入适量料酒、生抽，放入少许盐、鸡粉，搅拌均匀。

❸盖上盖，用小火煮1小时，至牛肚熟透。

❹揭开盖，捞出煮好的牛肚，沥干水分，备用。

❺将氽煮好的牛肚装入碗中，加入泡小米椒、蒜末、葱花。

❻放入少许盐、鸡粉，淋入辣椒油、芝麻油、花椒油。

❼搅拌片刻，至食材入味。

❽将拌好的牛肚装入盘中即可。

① 把卤牛肚切成薄片，放入盘中，码放整齐，摆出造型。

② 取小碗，放入蒜末、姜末。

③ 倒入适量花椒油、辣椒油、浙醋。

④ 加入盐、味精、白糖，淋入芝麻油拌匀，制成凉拌汁。

⑤ 将凉拌汁浇在牛肚上，放上熟芝麻，撒上葱花即成。

凉拌卤牛肚

▌烹饪时间：2分钟　　▌营养功效：开胃消食

🌶 原料

卤牛肚300克，蒜末、姜末各10克，熟芝麻、葱花各少许

🍲 调料

花椒油、辣椒油、浙醋、盐、味精、白糖、芝麻油各适量

制作指导：

凉拌汁中加入浙醋，能为菜肴增香，但不宜加太多，以免影响口感。

羊肉

别名	羝肉、羖肉。
性味	性热，味甘。
归经	归脾、胃、肾、心经。

✔ 适宜人群

一般人群均可食用，尤其适合身体虚弱、阳气不足、冬天手足不温、畏寒无力、腰酸阳痿之人食用。

✘ 不宜人群

肝炎病人忌食。

营养功效

◎ **开胃消食**：羊肉中含有的B族维生素能维持消化系统健康，促进食欲。

◎ **补血养颜**：羊肉中含有丰富的铁，能有效预防和治疗贫血，使人恢复良好血色。

◎ **抗癌**：羊肉中含有CLA脂肪酸的抗癌物质，能抑制癌细胞生长，从而达到抗癌防癌的作用，对皮肤癌、结肠癌和乳腺癌有显著效果。

TIPS

羊肉性大热，过食易加重病情，食用时最好搭配一些性凉、甘、平的蔬菜，能起到清凉滋补、解毒去火的作用。

食材清洗

①将羊肉放入清水，加少许米醋，浸泡15分钟。

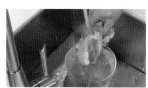

②用手清洗羊肉，再将羊肉冲洗干净。

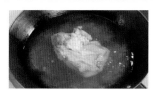

③将羊肉放入沸水中汆烫一会儿后捞出即可。

食材加工

①取一块洗净的羊肉，从中间切开，一分为二。

②用平刀将羊肉依次片成均匀的片。

③将片好的羊肉装入盘中即可。

❶把洗净的红椒切圈，备用。

❷卤羊肉切成薄片。

❸把羊肉片倒入碗中，加入红椒圈，放入蒜末、葱花。

❹加入盐、鸡粉，淋上陈醋、生抽。

蒜香羊肉

▌烹饪时间：2分钟　▌营养功效：增强免疫力

🌶 原料

卤羊肉200克，红椒7克，蒜末20克，葱花少许

🍲 调料

盐2克，鸡粉、陈醋、生抽、芝麻油各适量

制作指导：
拌羊肉时加入胡椒粉或辣椒粉，能使拌菜更麻辣鲜香。

❺倒上芝麻油，拌约1分钟，至食材入味即成。

✖ 做法

❶把洗净的香菜切成小段。

❷卤羊肉切成薄片。

❸将切好的羊肉片装在碗中，再倒入蒜末、红椒、香菜。

❹淋上陈醋、生抽，加入盐、鸡粉、辣椒油，拌至入味。

❺再倒上芝麻油，拌至入味，盛入盘中，摆好即成。

凉拌羊肉

▌烹饪时间：3分钟　　▌营养功效：增强免疫力

🌶 原料

卤羊肉200克，香菜10克，红椒圈、蒜末各少许

🍲 调料

盐2克，鸡粉、陈醋、生抽、辣椒油、芝麻油各适量

制作指导：

将生羊肉切块放入水中，加点米醋，待煮沸后捞出，继续卤制，可去除羊肉膻味。

姜汁羊肉

| 烹饪时间：2分钟 | 营养功效：保肝护肾

🌶 **原料**

卤羊肉150克，生姜20克，葱花少许

🍲 **调料**

盐2克，鸡粉、陈醋各适量

🍴 **做法**

❶把去皮洗净的生姜切小块，拍破，剁成细末。

❷卤羊肉切成薄片。

❸将姜末放入小碟子中，倒入少许开水，浸泡一小会。

❹再加入盐、鸡粉。

❺放入陈醋。

❻搅拌均匀，调制成姜汁，备用。

❼把羊肉片放在盘中，摆放好。

❽浇上拌好的姜汁，再撒上葱花即成。

羊肚

别名	羊胃。
性味	性温，味甘。
归经	归脾、胃经。

✔ 适宜人群

一般人群均可食用，尤其适合体质羸瘦、虚劳衰弱、胃气虚弱、反胃以及盗汗、尿频之人食用。

✘ 不宜人群

胃炎、消化不良者不宜多食。

营养功效

◎健脾养胃：羊肚食之可以和中益气，增强食欲，滋补身体，使脾胃健康，特别适合身体虚弱、不思饮食者食用。

◎强身健体：羊肚富含优质蛋白、铁、钙、磷等营养物质，适量食用能增强机体对疾病的抵抗力，达到强身健体的作用。

TIPS

盐加白醋混合清水后可用来浸泡羊肚，是因为盐和白醋可使胶原蛋白粘液脱离，能清除羊肚的污物，并达到去除异味的作用。

食材清洗

①将羊肚放进盆里，注入清水，用手搓洗。

②将羊肚放进盆里，加入适量植物油。

③用手反复搓揉羊肚，再用流水清洗，沥干即可。

食材加工

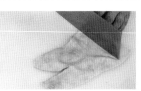
①取洗净的羊肚，切下一大块羊肚。

②采用斜刀法，切厚薄一致的片状。

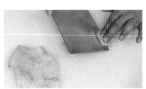
③再依次切薄片即可。

❶ 将洗净的大葱切
开，切成丝。

❷ 熟羊肚洗净，切块，
切细条，备用。

❸ 锅中注水烧开，放
入羊肚条煮沸，捞
出，沥干水分。

❹ 将羊肚条倒入备好
的碗中，加入大葱、
蒜末。

葱油拌羊肚

▎烹饪时间：5分钟　▎营养功效：益气补血

原料

熟羊肚400克，大葱50克，蒜末少许

制作指导：

熟羊肚表面比较光滑，
切的时候要注意，避免
刀滑切到手。

调料

盐2克，生抽4毫升，陈醋4毫升，葱
油、辣椒油各适量

❺ 加盐、生抽、陈
醋、葱油、辣椒油拌
匀，装盘即可。

芹菜拌羊肚

| 烹饪时间：4分钟 | 营养功效：降压降糖

原料

羊肚300克，芹菜60克，红椒10克

调料

盐6克，鸡粉2克，料酒、生抽、陈醋、辣椒油、芝麻油、食用油各适量

做法

❶把洗净的芹菜切3厘米长的段。

❷洗净的红椒切成段，再改切成丝。

❸洗净的羊肚切成细丝，备用。

❹锅置火上，注水烧开，淋上料酒，加入鸡粉、盐。

❺再倒入羊肚，放入食用油拌匀，增亮提味，续煮2分钟。

❻倒入芹菜、红椒，煮至食材熟透，捞出沥干水分。

❼把焯煮的食材倒入碗中，加入盐、生抽、陈醋、鸡粉。

❽淋上辣椒油、芝麻油，拌至入味，盛出装盘即可。

麻辣羊肚丝

| 烹饪时间：5分钟 | 营养功效：开胃消食 |

原料

羊肚300克，红椒15克，蒜末、葱花、香菜段各少许

调料

盐6克，鸡粉2克，味精、料酒、生抽、花椒油、辣椒油、芝麻油、食用油各适量

做法

❶把洗净的羊肚切成丝，备用。

❷洗净的红椒切成段，切开剔去籽，再切成细丝。

❸锅中注水烧开，加入料酒、鸡粉、盐，倒入羊肚煮断生。

❹锅中放入红椒，煮至食材熟透，捞出沥干水分，待用。

❺把煮好的羊肚、红椒放入碗中，再倒上蒜末、葱花。

❻淋入花椒油、辣椒油，倒上芝麻油，拌匀。

❼加入盐、味精、生抽，拌约1分钟，至食材入味。

❽将拌好的食材盛出装盘，撒上洗净的香菜段即可。

鸡肉

别名	家鸡肉、母鸡肉。
性味	性平、温，味甘。
归经	归脾、胃经。

✔ 适宜人群

一般人群均可食用，尤其适合虚劳瘦弱、营养不良、气血不足、面色萎黄者。

✘ 不宜人群

胆囊炎、胆石症、肥胖症、高血脂、严重皮肤疾病等患者忌食。

 营养功效

◎ **增强免疫力**：鸡肉中含有的牛磺酸，能有效增加人体免疫细胞，帮助免疫系统识别体内和外来的有害物质，帮助增强免疫力。

◎ **预防口舌生疮**：鸡肉中富含维生素B_1、维生素B_2，能有效预防消化不良以及口角生疮等症。

◎ **提高智力**：鸡肉中含有的牛磺酸可发挥抗氧化和解毒作用，促进智力发育，充分激发大脑。

TIPS

带皮的鸡肉含有较多的脂类物质，所以较肥的鸡应该去掉鸡皮再烹饪；鸡尾股是淋巴腺体集中的地方，不可食用。

 食材清洗

①将宰杀处理好的鸡肉用清水冲洗干净。

②切除鸡油和脂肪。

③将鸡肉切小块，放入沸水中氽熟后捞出。

 食材加工

①将鸡肉用平刀切片。

②把鸡肉片切成丝。

③将切好的鸡肉丝装入盘中即可。

凉拌手撕鸡

| 烹饪时间：3分钟 | 营养功效：增强免疫力

🌶 原料

熟鸡胸肉160克，红椒、青椒各20克，葱花、姜末各少许

🍲 调料

盐2克，鸡粉2克，生抽4毫升，芝麻油5毫升

制作指导：

鸡肉要尽量撕得大小均匀些，这样会使成品更美观。

🍴 做法

❶洗好的红椒切开，去籽，再切细丝。

❷洗净的青椒切开，去籽，再切细丝。

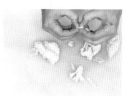

❸把熟鸡胸肉撕成细丝，待用。

❹取一个碗，倒入鸡肉丝、青椒、红椒、葱花、姜末。

❺加入盐、鸡粉、生抽、芝麻油拌匀，至食材入味即成。

🍴 做法

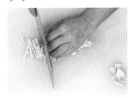

❶锅中注水烧开，倒入洗净的鸡胸肉，煮熟后捞出切丝。

❷锅中注水烧开，倒入洗好的绿豆芽拌匀，煮至断生。

❸捞出绿豆芽，放入盘中，在绿豆芽上摆上鸡肉丝。

❹碗中加芝麻酱、鸡粉、盐、生抽、白糖、陈醋、辣椒油。

❺倒入花椒油，加蒜末、姜末调成味汁，浇在食材上即可。

怪味鸡丝

▌烹饪时间：19分钟　　▌营养功效：开胃消食

🌶 原料

鸡胸肉160克，绿豆芽55克，姜末、蒜末各少许

🍲 调料

芝麻酱5克，鸡粉2克，盐2克，生抽5毫升，白糖3克，陈醋6毫升，辣椒油10毫升，花椒油7毫升

制作指导：

绿豆芽不宜煮太久，以八九分熟为佳。

三油西芹鸡片

| 烹饪时间：18分钟 | 营养功效：清热解毒

原料

鸡胸肉170克，西芹100克，花生碎30克，葱花少许

调料

盐2克，鸡粉2克，料酒7毫升，生抽4毫升，辣椒油6毫升

做法

①锅中注入适量清水烧热，倒入洗净的鸡胸肉，淋入料酒。

②烧开后用中火煮约15分钟至熟，捞出鸡肉，放凉待用。

③洗好的西芹用斜刀切段。

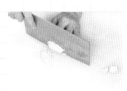
④把放凉的鸡胸肉切成片。

⑤锅中注水烧开，倒入西芹，拌匀煮熟，捞出待用。

⑥取一个小碗，加入盐、鸡粉、生抽、辣椒油。

⑦倒入花生碎，拌匀，撒上葱花，拌匀，调成味汁。

⑧另取盘子，倒入西芹、鸡肉摆放好，浇上味汁即可。

茼蒿拌鸡丝

▋烹饪时间：3分钟 ▋营养功效：增强免疫力

🌶 原料

鸡胸肉160克，茼蒿120克，彩椒50克，蒜末、熟白芝麻各少许

🍲 调料

盐3克，鸡粉2克，生抽7毫升，水淀粉、芝麻油、食用油各适量

🍴 做法

❶将洗净的茼蒿切成段，备用。

❷洗好的彩椒切粗丝，备用。

❸洗净的鸡胸肉切丝，加盐、鸡粉、水淀粉、食用油腌渍。

❹沸水锅加油、盐，倒入彩椒丝、茼蒿，煮至断生后捞出。

❺沸水锅中倒入鸡肉丝，煮至熟软后捞出，沥干水分。

❻取碗，倒入焯熟的彩椒丝、茼蒿、鸡肉丝，撒上蒜末。

❼加入盐、鸡粉，淋入生抽、芝麻油，拌至食材入味。

❽取盘子，盛入拌好的食材，撒上熟白芝麻，摆好盘即成。

香糟鸡条

▎烹饪时间：154分钟　　▎营养功效：增强免疫力

🌶 原料

鸡胸肉260克，醪糟100克，姜片、葱段各少许

🍲 调料

白酒12毫升，盐2克，鸡粉2克，料酒8毫升

制作指导：

味汁可适量多放一些，能使鸡肉更入味。

🍴 做法

❶锅中注水烧热，倒入洗净的鸡胸肉，烧开转小火煮熟，捞出。

❷取一个干净的大碗，倒入醪糟，放入姜片、葱段。

❸注入白酒、开水，加入盐、鸡粉、料酒，调成味汁。

❹将放凉的鸡胸肉切成条。

❺将鸡肉条放入味汁中，腌渍约2小时，盛入盘中即成。

做法

① 将洗净的南瓜切厚片，改切成丁。

② 鸡肉洗净，装入碗中，放盐，加少许清水，待用。

③ 烧开蒸锅，分别放入装好盘的南瓜、鸡肉，中火蒸熟。

④ 取出蒸熟的鸡肉、南瓜，用刀把鸡肉拍散，撕成丝。

⑤ 鸡肉丝、南瓜装碗，加牛奶拌匀，装盘后淋上牛奶即可。

鸡肉拌南瓜

▍烹饪时间：20分钟　▍营养功效：补锌

原料

鸡胸肉100克，南瓜200克，牛奶80毫升

调料

盐少许

制作指导：

南瓜本身有甜味，牛奶不宜加太多，以免掩盖南瓜本身的味道。

苦瓜拌鸡片

烹饪时间：30分钟　营养功效：益气补血

原料

苦瓜120克，鸡胸肉100克，彩椒25克，蒜末少许

调料

盐3克，鸡粉2克，生抽3毫升，食粉、黑芝麻油、水淀粉、食用油各适量

做法

❶将洗净的苦瓜去籽，切成片。

❷洗好的彩椒切成片，备用。

❸洗净的鸡胸肉切片，放盐、鸡粉、水淀粉、食用油腌渍。

❹锅中注水烧开，加入食用油，放入彩椒略煮，捞出。

❺锅中加入食粉，放入苦瓜，煮至断生，捞出待用。

❻锅中注油烧热，倒入鸡肉片滑油至转色，捞出。

❼取一个干净碗，倒入苦瓜、彩椒、鸡肉片，放入蒜末。

❽加入盐、鸡粉、生抽、芝麻油，拌至食材入味即成。

蒜汁肉片

▌烹饪时间：15分钟　▌营养功效：增强免疫力

🌶️ 原料

鸡胸肉300克，蒜末、葱花各少许

🍲 调料

盐、鸡粉各2克，水淀粉、陈醋各12毫升，
生抽4毫升，芝麻油10毫升，食用油少许

🍴 做法

①洗净的鸡胸肉切成长块，再切成薄片。

②鸡肉片装入碗中，加入盐、鸡粉，淋入水淀粉拌匀。

③倒入食用油，搅拌匀，腌渍约10分钟，至其入味。

④砂锅中注水烧开，倒入腌好的鸡肉片拌匀，煮至其熟软。

⑤捞出汆煮好的鸡肉片，装盘备用。

⑥将葱花、蒜末放入碗中，加入少许盐、鸡粉。

⑦加入生抽、芝麻油、陈醋，拌匀，调成味汁。

⑧在汆好的鸡胸肉上浇上味汁即可。

PART 4
鲜香水产

　　水产类凉拌菜十分注重食材的鲜美、营养，非常符合现代人油脂少、天然养分多的健康概念。水产类是蛋白质、无机盐和维生素的良好来源，易为人体消化吸收。那么，如何拌出一盘营养美味又卖相极佳的水产凉拌菜呢？本章就教你触类旁通，简单就学会凉拌水产的精髓。

虾

别名	河虾、草虾、长须公、虎头公。
性味	性温，味甘、咸。
归经	归脾、肾经。

✔ 适宜人群

一般人群均可食用，尤其适合肾虚阳痿、男性不育症者，腰脚虚弱无力者及孕妇。

✘ 不宜人群

高脂血症、急性炎症和面部痤疮及过敏性鼻炎、支气管哮喘等病症者及老人不宜食用。

营养功效

◎补钙：虾中所含有的钙质，是人体骨骼的主要组成成分，每天只要吃50克虾，就可以满足人体对钙质的需要。

◎提神健脑：虾中含有较多的B族维生素和锌，对改善记忆力有帮助。

◎养心润肺：虾中含有丰富的镁，能很好地保护心血管系统，有利于预防高血压及心肌梗死。

TIPS

烹调虾之前，先用泡桂皮的沸水把虾冲烫一下，煮虾时可滴少许醋，可让虾壳颜色鲜红亮丽，吃的时候，壳和肉也容易分离。

食材清洗

①剪去虾须、虾脚、尾尖，虾背部切一刀。

②用牙签挑去虾线。

③用清水将虾冲洗干净，沥去水分即可。

食材加工

①用手将虾头掐掉，再剥去虾壳。

②将虾的尾巴掐掉。

③将虾背切开即可。

白菜拌虾干

烹饪时间：4分钟 | 营养功效：增强免疫力

🌶 原料

白菜梗140克，虾米65克，蒜末、葱花各少许

🍲 调料

盐、鸡粉各2克，生抽4毫升，陈醋5毫升，芝麻油、食用油各适量

🍴 做法

❶将洗净的白菜梗切细丝。

❷热锅注油，烧至四五成热，放入虾米拌匀，炸约2分钟。

❸炸至虾米熟透后捞出，沥干油，待用。

❹取一大碗，倒入切好的白菜梗。

❺加入盐、鸡粉，淋上生抽、食用油。

❻注入少许芝麻油、陈醋，撒上备好的蒜末、葱花。

❼匀速搅拌一会儿，放入炸好的虾米拌匀，至食材入味。

❽取一盘子，盛入拌好的菜肴，装入盘中摆好即可。

海米拌三脆

| 烹饪时间：3分钟 | 营养功效：安神助眠

原料

莴笋140克，黄瓜120克，水发木耳50克，水发海米30克，红椒片少许

调料

盐2克，鸡粉1克，白糖3克，芝麻油4毫升

做法

❶洗净去皮的莴笋切菱形片。

❷洗好的黄瓜切片，用斜刀切菱形片。

❸洗净的木耳切小块，备用。

❹锅中注水烧开，倒入木耳，煮至断生，捞出待用。

❺沸水锅中倒入海米，余去多余盐分，捞出待用。

❻取一个碗，倒入莴笋、黄瓜、木耳，加盐拌匀，腌渍片刻。

❼再倒入海米、红椒片，加入鸡粉、白糖、芝麻油。

❽拌匀至食材入味，再将拌好的菜肴盛入盘中即可。

❶洗净的红椒切开，去籽，再切粗丝；其余原料洗净。

❷取一个大碗，倒入香菜梗、红椒、粉皮、姜丝、虾皮拌匀。

❸加入盐、鸡粉、生抽、芝麻油、陈醋拌匀，至食材入味。

❹将拌好的菜肴盛入盘中即可。

虾皮拌香菜

▌烹饪时间：3分钟　　▌营养功效：开胃消食

🌶 原料

水发粉皮100克，虾皮40克，香菜梗30克，红椒20克，姜丝少许

🍲 调料

盐、鸡粉各2克，生抽4毫升，芝麻油6毫升，陈醋7毫升

制作指导：

拌匀的时候放些芝麻油可提鲜去腥，香菜还可切成碎末，这样香味更浓。

做法

① 洗好的青椒、红椒切开，去籽，切粗丝，改切成粒。

② 取一个小碗，加入盐、鸡粉、辣椒油、芝麻油。

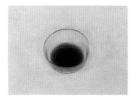

③ 淋入陈醋、生抽拌匀，调成味汁。

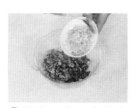

④ 另取一个干净的大碗，倒入青椒、红椒、虾皮。

⑤ 撒上葱花，倒入味汁，拌至食材入味，盛入盘中即可。

尖椒虾皮

▍烹饪时间：3分钟　▍营养功效：保肝护肾

🌶 原料

红椒25克，青椒50克，虾皮35克，葱花少许

🍲 调料

盐2克，鸡粉1克，辣椒油6毫升，芝麻油4毫升，陈醋4毫升，生抽5毫升

制作指导：

虾皮有咸味，因此可以少放些调料。

虾干拌红皮萝卜

| 烹饪时间：4分钟 | 营养功效：补钙

 原料

红皮萝卜160克，苦瓜80克，海米50克

 调料

盐2克，鸡粉2克，芝麻油8毫升，食粉少许

🍴 **做法**

①洗净的红皮萝卜切开，切条形。

②洗好的苦瓜切开，去瓤，再切条形。

③锅中注入适量清水烧开，倒入海米，煮约1分钟。

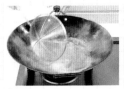

④把煮好的海米捞出，沥干水分。

⑤另起锅，注水烧开，放入苦瓜、食粉，煮至八九成熟。

⑥把煮好的苦瓜捞出，沥干水分。

⑦取一个干净的大碗，倒入红皮萝卜、苦瓜、海米。

⑧加入盐、鸡粉、芝麻油，拌至食材入味即可。

海米拌菠菜

| 烹饪时间：3分钟 | 营养功效：清热解毒

原料

菠菜200克，海米20克，蒜末少许

调料

盐2克，鸡粉2克，生抽、食用油各适量

做法

❶ 洗净的菠菜去根部，切成段。

❷ 把切好的菠菜装入盘中，待用。

❸ 锅中注水烧开，放入食用油，放入菠菜，煮1分钟至熟。

❹ 把煮熟的菠菜捞出，待用。

❺ 用油起锅，放入海米，炒香后盛出，待用。

❻ 将煮好的菠菜倒入大碗中，放入蒜末、海米。

❼ 倒入适量生抽，加入盐、鸡粉，用筷子拌匀调味。

❽ 将拌好的材料盛出，装入盘中即可。

❶ 洗净的上海青切去根部，再切成两段。

❷ 锅中注水烧开，放入上海青梗，淋入食用油，煮至断生。

❸ 放入菜叶煮软，捞出焯煮好的上海青，沥干水分。

❹ 取一个干净的大碗，倒入上海青，撒上姜末、葱末。

上海青拌海米

▌烹饪时间：3分钟　▌营养功效：增强免疫力

🌶 原料

上海青125克，熟海米35克，姜末、葱末各少许

🍲 调料

盐2克，白糖2克，陈醋10毫升，鸡粉2克，芝麻油8毫升，食用油适量

制作指导：

买回的上海青若不立即烹煮，可用报纸包起来放入塑料袋中，放入冰箱中保存。

❺ 放入盐、白糖、陈醋、鸡粉、芝麻油、熟海米拌匀即可。

蛤蜊

别名	文蛤、蚶仔、西施舌、花蛤。
性味	性寒，味咸。
归经	归肺、肾经。

✔ 适宜人群

一般人群均可食用，尤其适合高胆固醇、高血脂者，以及阴虚盗汗、体质虚弱、营养不良者。

✘ 不宜人群

脾胃虚寒、腹泻便溏者，以及月经期间女性。

营养功效

◎**补充钙质**：蛤蜊的钙质含量高，是不错的钙质源，有利于儿童的骨骼发育。

◎**促进血液代谢**：蛤蜊肉中的维生素B_{12}含量也很高，这种成分关系到血液代谢，对贫血的抑制有一定作用。

◎**镇静**：蛤蜊里的牛磺酸可以帮助胆汁合成，有助于胆固醇代谢，还能维持神经细胞膜的电位平衡，抗痉挛、抑制焦虑。

TIPS

服维生素B_1时忌食蛤蜊，因蛤蜊中含有一种能破坏维生素B_1的硫胺酶物质。另外，烹调蛤蜊及贝类一定要煮熟透，以免传染上肝炎等疾病。

食盐清洗

①将蛤蜊放在盆里，加入适量盐。

②用手抓洗蛤蜊。

③取出蛤蜊，用清水冲洗干净，沥去水分即可。

清水抓洗

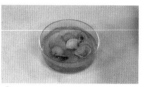
①蛤蜊放入大碗中，注入水浸泡，使其吐出泥沙。

②用手抓洗干净。

③将清洗干净的蛤蜊装盘即可。

❶洗好的木耳、彩椒切小块；洗净去皮的莴笋切片。

❷锅中注水烧开，放入盐、油，倒入莴笋、木耳、彩椒拌匀。

❸加入洗净的蛤蜊肉拌匀，煮半分钟。

❹将锅中食材捞出，沥干水分，倒入碗中，放入蒜末。

❺加入白糖、陈醋、盐、蒸鱼豉油、芝麻油拌匀即可。

蒜香拌蛤蜊

▌烹饪时间：2分钟   ▌营养功效：降低血压

🌶 原料

莴笋120克，水发木耳40克，彩椒70克，蛤蜊肉70克，蒜末少许

🍲 调料

盐3克，白糖3克，陈醋5毫升，蒸鱼豉油、芝麻油各2毫升，食用油适量

制作指导：

汆煮好的蛤蜊肉可用凉开水再清洗一下，口感会更好。

做法

❶洗净的红椒切圈，备用；洗净的青椒切圈，备用。

❷锅中加水烧开，倒入蛤蜊，煮至壳开、肉熟，捞出洗净。

❸用油起锅，倒入青椒、红椒、蒜末，大火爆香。

❹加辣椒酱、生抽、陈醋、料酒、盐、鸡粉炒匀成味汁，盛出。

❺蛤蜊倒入碗中，撒上葱花，加炒好的味汁，拌匀即可。

辣拌蛤蜊

▎烹饪时间：5分钟　　▎营养功效：养心润肺

🌶 原料

蛤蜊500克，青椒20克，红椒5克，蒜末、葱花各少许

🍲 调料

盐3克，鸡粉1克，辣椒酱10克，生抽5毫升，料酒、陈醋各4毫升，食用油适量

制作指导：

蛤蜊在烹制时不要加味精，也不宜多放盐，以免其鲜味流失。

毛蛤拌菠菜

| 烹饪时间：4分钟 | 营养功效：降低血压

🌶 原料

毛蛤300克，菠菜120克，彩椒丝40克，蒜末少许

🍲 调料

盐3克，鸡粉2克，生抽4毫升，陈醋10毫升，芝麻油、食用油各适量

🍴 做法

① 将洗净的菠菜切去根部，再切成小段。

② 锅中注入适量清水，大火烧开，加入少许食用油。

③ 倒入切好的菠菜，搅拌几下，再倒入彩椒丝，搅匀。

④ 煮约1分钟，至食材断生后捞出，沥干水分，待用。

⑤ 倒入洗净的毛蛤搅匀，大火煮至其熟透后捞出，待用。

⑥ 取碗，倒入菠菜和彩椒丝，撒上蒜末，倒入毛蛤。

⑦ 淋入生抽，加入盐、鸡粉、陈醋，淋入芝麻油。

⑧ 快速搅拌匀，至食材入味，盛入盘中，摆好盘即成。

鱿鱼

别名	句公、柔鱼、枪乌贼。
性味	性平，味咸。
归经	归肝、肾经。

✔ 适宜人群

一般人群均可食用，尤其适合骨质疏松、缺铁性贫血、月经不调、减肥者。

✘ 不宜人群

内分泌失调、甲亢、皮肤病、脾胃虚寒、过敏性体质患者不宜食用。

营养功效

◎**增高助长**：蛤蜊肉中的蛋白质含量非常丰富，能促进骨骼发育，增高助长。

◎**预防贫血**：鱿鱼含有丰富的钙、磷、铁元素，对人体造血十分有益，尤其缺铁性贫血患者可适当常吃。

◎**改善内分泌**：鱿鱼中含有大量的牛磺酸，可以促进垂体激素分泌，活化胰腺功能，从而改善内分泌状态，使机体代谢平衡。

TIPS

鱿鱼须煮熟透后再食，因鲜鱿鱼中有一种多肽成分，若未煮透就食用，会导致肠运动失调；干鱿鱼发好后可以在炭火上烤后直接食用。

食材清洗

①将鱿鱼洗净，取出内脏，放一旁备用。

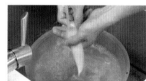
②剥开鱿鱼的外皮，取肉，冲洗干净。

③剪去头部相连的内脏，去眼睛、外皮，洗净。

食材加工

①鱿鱼筒从中纵切一刀，上层切断，下层不切断。

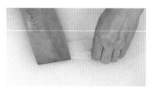
②鱿鱼肉铺展，从中间切一刀，切去内壁的黏膜。

③从一端斜打一字刀，再相反方向斜打一字刀。

① 洗净的黄瓜切段，再切片，改切成细丝，装盘待用。

② 洗好的鱿鱼肉切片，改切粗丝。

③ 锅中注水烧开，加入料酒，倒入鱿鱼，煮至熟透。

④ 捞出鱿鱼，沥干水分，放入装有黄瓜的盘中，备用。

⑤ 将除料酒外的所有调料拌匀，调成味汁，浇在食材上即可。

拌鱿鱼丝

▌烹饪时间：3分钟　▌营养功效：益气补血

原料

鱿鱼肉120克，黄瓜160克

调料

盐1克，鸡粉1克，料酒4毫升，生抽3毫升，花椒油3毫升，辣椒油5毫升，陈醋4毫升

制作指导：

鱿鱼汆水的时间不宜太长，以免炒的时候变老，影响口感和营养。

青椒鱿鱼丝

烹饪时间：3分钟 | 营养功效：开胃消食

🌶️ 原料

鱿鱼肉140克，青椒90克，红椒25克

🍲 调料

料酒4毫升，盐2克，鸡粉1克，生抽3毫升，辣椒油5毫升，芝麻油4毫升，陈醋6毫升，花椒油3毫升

🍴 做法

❶洗好的青椒切开，去籽，切粗丝。

❷洗净的红椒切开，去籽，切粗丝。

❸处理好的鱿鱼肉切粗丝，备用。

❹锅中注水烧开，淋入料酒，倒入鱿鱼肉，煮至断生后捞出。

❺沸水锅中倒入青椒、红椒，焯至断生，捞出待用。

❻将鱿鱼肉倒入碗中，加入青椒、红椒，拌匀。

❼加入盐、鸡粉、生抽、辣椒油、芝麻油、陈醋、花椒油。

❽将食材拌匀至入味，盛出装盘即可。

蒜薹拌鱿鱼

| 烹饪时间：3分钟 | 营养功效：保肝护肾

🌶️ **原料**

鱿鱼肉200克，蒜薹120克，彩椒45克，蒜末少许

🍲 **调料**

豆瓣酱8克，盐3克，鸡粉2克，生抽4毫升，料酒5毫升，辣椒油、芝麻油、食用油各适量

🍴 **做法**

❶将洗净的蒜薹切小段，备用。

❷洗好的彩椒切粗丝，备用。

❸处理干净的鱿鱼切丝，加盐、鸡粉、料酒拌匀，腌渍入味。

❹沸水锅倒食用油、盐，倒入蒜薹、彩椒焯熟后捞出。

❺沸水锅中倒入鱿鱼丝，汆煮约1分钟，捞出待用。

❻将焯煮熟的蒜薹和彩椒倒入碗中，放入汆熟的鱿鱼丝。

❼加盐、鸡粉、豆瓣酱、辣椒油、生抽拌匀，撒上蒜末。

❽倒入芝麻油，拌匀至食材入味，盛出摆好盘即成。

海蜇

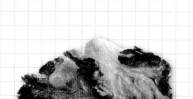

别名	海蛇、红蜇、面蜇。
性味	性平，味咸。
归经	归肝、肾经。

✔ 适宜人群

一般人群均可食用，尤适合咳嗽哮喘、高血压、头昏脑胀以及大便秘结者。

✘ 不宜人群

脾胃虚寒者慎食。

营养功效

◎**补充碘**：海蜇含有人体需要的多种营养成分，尤其含有人们饮食中所缺的碘，是一种重要的营养食品，可预防由缺碘引起的"大脖子病"。

◎**降低血压**：海蜇中含有类似乙酰胆碱的物质，能扩张血管，降低血压。

◎**软化血管**：海蜇所含的甘露多糖胶质对防治动脉粥样硬化、软化血管有一定功效。

TIPS

新鲜的海蜇含水多，皮体较厚，还含有毒素，只有经过食盐加明矾盐渍3次，使鲜海蜇脱水3次，才能让毒素随水排尽。

食材清洗

①用刀将泡发的海蜇切开成块状。

②海蜇放入清水中，加盐抓匀，浸泡15分钟。

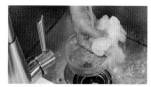
③将海蜇冲洗干净，沥干水分即可。

食材加工

①取洗净的海蜇，用平刀将海蜇片开。

②将海蜇切丝状。

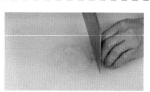
③用刀将海蜇依次切成丝状即可。

❶将洗净的桔梗切细丝，备用。

❷取一个碗，放入切好的桔梗，倒入洗净的熟海蜇丝。

❸加入盐、白糖、鸡粉，淋入生抽。

❹倒入陈醋，撒上胡椒粉拌匀。

桔梗拌海蜇

┃烹饪时间：2分钟　┃营养功效：清热解毒

🌶 原料

水发桔梗100克，熟海蜇丝85克，葱丝、红椒丝各少许

🍲 调料

盐、白糖各2克，胡椒粉、鸡粉各适量，生抽5毫升，陈醋12毫升

制作指导：
桔梗可用温水浸泡，这样能缩短泡发的时间。

❺将拌好的菜肴盛入盘中，点缀上葱丝、红椒丝即可。

 做法

① 洗好的海蜇丝切段；洗净的苦瓜去瓤，切粗丝。

② 锅中注水烧开，倒入海蜇拌匀，捞出放入清水中，待用。

③ 沸水锅中倒入苦瓜，煮至断生，捞出沥干水分，待用。

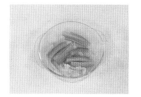

④ 取一个大碗，倒入海蜇丝、苦瓜，加入盐、鸡粉、白糖。

⑤ 淋入陈醋、芝麻油，撒上蒜末，拌至食材入味即可。

凉瓜海蜇丝

▌烹饪时间：2分钟　　▌营养功效：清热解毒

原料

水发海蜇丝150克，苦瓜90克，蒜末少许

调料

盐、鸡粉各2克，白糖3克，陈醋5毫升，芝麻油6毫升

制作指导：

苦瓜可在淡盐水中泡一会儿，能很好地减轻其苦味。

芝麻苦瓜拌海蜇

| 烹饪时间：4分钟 | 营养功效：降低血压

🌶️ 原料

苦瓜200克，海蜇丝100克，彩椒40克，
熟白芝麻10克

🍲 调料

鸡粉2克，白糖3克，盐少许，陈醋5毫升，
芝麻油2毫升，食用油适量

🍴 做法

❶洗净的苦瓜对半切开，去籽。

❷用刀将苦瓜切成段，改切成条。

❸洗净的彩椒切片，再切成条。

❹锅中注水烧开，倒入洗净的海蜇丝，放入食用油。

❺加入苦瓜，再放入彩椒，拌匀，煮1分钟，至其断生。

❻捞出焯煮好的食材，沥干水分。

❼把焯过水的食材装入碗中，放入盐、鸡粉、白糖。

❽淋入陈醋、芝麻油，拌匀调味，盛出后撒上熟白芝麻即可。

海蜇拌魔芋丝

| 烹饪时间：3分钟 | 营养功效：降低血压

🌶 **原料**

海蜇丝120克，魔芋丝140克，彩椒70克，蒜末少许

🍲 **调料**

盐、鸡粉各少许，白糖3克，芝麻油2毫升，陈醋5毫升

🍴 **做法**

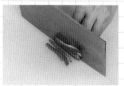

①洗净的彩椒切条，备用。

②锅中注入适量清水烧开，倒入洗净的海蜇丝，煮半分钟。

③加入洗净的魔芋丝搅匀，煮半分钟。

④再放入彩椒，略煮片刻。

⑤捞出焯煮好的食材，沥干水分。

⑥把焯过水的食材装入碗中，放入蒜末。

⑦加入盐、鸡粉、白糖。

⑧淋入芝麻油、陈醋，拌匀调味，盛出装盘即可。

❶洗净去皮的心里美萝卜切片，改切成丝，备用。

❷锅中注入适量清水烧开，倒入洗净的海蜇丝，煮1分钟。

❸加入心里美萝卜拌匀，煮至断生，捞出食材，沥干水分。

❹把焯过水的食材装入碗中，放入蒜末。

心里美拌海蜇

▌烹饪时间：3分钟 ▌营养功效：降低血压

原料

海蜇丝100克，心里美萝卜200克，蒜末少许

调料

盐、鸡粉各少许，白糖3克，陈醋4毫升，芝麻油2毫升

制作指导：

心里美萝卜易熟，不宜煮太久，否则会失去其爽脆的口感。

❺加盐、鸡粉、白糖、陈醋、芝麻油，拌匀调味即可。

黄瓜拌海蜇

| 烹饪时间：4分钟 | 营养功效：降低血压

🌶 **原料**

水发海蜇90克，黄瓜100克，彩椒50克，蒜末、葱花各少许

🍲 **调料**

白糖4克，盐少许，陈醋6毫升，芝麻油2毫升

🍴 **做法**

❶洗好的彩椒切条。

❷洗净的黄瓜切片，改切成条。

❸洗好的海蜇切条，备用。

❹锅中注入适量清水烧开，放入海蜇，煮2分钟至其断生。

❺放入彩椒略煮后，将海蜇和彩椒捞出，沥干水分，待用。

❻把黄瓜倒入碗中，放入海蜇和彩椒，放入蒜末、葱花。

❼加入陈醋、盐、白糖、芝麻油，搅拌均匀。

❽将拌好的食材盛出，装入盘中即可。

黑木耳拌海蜇丝

| 烹饪时间：4分钟 | 营养功效：降低血压

原料

黑木耳40克，水发海蜇120克，胡萝卜80克，西芹80克，香菜20克，蒜末少许

调料

盐1克，鸡粉2克，白糖4克，陈醋6毫升，芝麻油2毫升，食用油适量

做法

❶洗净的胡萝卜、西芹切丝；洗好的黑木耳切小块。

❷洗好的香菜切成末；洗净的海蜇切块，改切成丝。

❸锅中注入适量清水烧开，放入海蜇丝，煮约2分钟。

❹放入胡萝卜、黑木耳拌匀，淋入食用油，煮1分钟。

❺再放入西芹略煮，把煮熟的食材捞出，沥干水分。

❻将煮好的食材装入碗中，放入备好的蒜末、香菜。

❼加入白糖、盐、鸡粉、陈醋。

❽淋入芝麻油，拌匀，盛出，装入盘中即可。

苦菊拌海蜇头

| 烹饪时间：3分钟 | 营养功效：降低血压

🌶️ 原料

苦菊100克，海蜇头80克，紫甘蓝70克，蒜末少许

🍲 调料

盐、鸡粉各2克，胡椒粉少许，陈醋7毫升，芝麻油、食用油各适量

🍴 做法

❶将洗净的海蜇头切开，再切小块。

❷洗好的紫甘蓝切小片，备用。

❸洗净的苦菊切段。

❹锅中注水烧开，倒入海蜇头拌匀，煮至熟软，捞出。

❺锅中注水烧开，加入盐、食用油，倒入紫甘蓝、苦菊拌匀。

❻用大火煮约半分钟，至其断生，捞出沥干水分，待用。

❼将海蜇头装入碗中，倒入紫甘蓝和苦菊，撒上蒜末。

❽加入盐、鸡粉、胡椒粉、陈醋、芝麻油，拌至入味即成。

老醋莴笋拌蜇皮

| 烹饪时间：3分钟 | 营养功效：降低血压

🌶 原料

海蜇丝100克，莴笋90克，胡萝卜85克，香菜10克，蒜末少许

🍲 调料

盐3克，鸡粉2克，白糖少许，生抽6毫升，陈醋10毫升，芝麻油少许

🍴 做法

❶将洗净去皮的胡萝卜切成细丝。

❷洗净去皮的莴笋切成丝；洗净的香菜切成段。

❸锅中注水烧开，加入盐，倒入胡萝卜丝略煮。

❹放入洗净的海蜇丝，倒入莴笋丝拌匀，煮至食材熟透。

❺捞出焯煮好的食材，沥干水分。

❻焯过水的食材放入碗中，撒上蒜末，加盐、鸡粉、白糖。

❼淋入生抽、陈醋，滴上少许芝麻油，快速搅拌匀。

❽撒上香菜拌匀至散出香味，盛出摆好盘即成。

海带

别名	昆布、江白菜。
性味	性寒，味咸。
归经	归胃、肾、肝经。

✔ 适宜人群

一般人都能食用，尤其适合精力不足、缺碘、气血不足、肝硬化腹水及神经衰弱者食用。

✘ 不宜人群

脾胃虚寒者、脾胃虚寒者、甲亢中碘过盛型的病人忌食；孕妇与乳母不可过量食用。

营养功效

◎ **预防甲亢**：海带是一种含碘量很高的海藻，能被人体直接吸收，有利于治疗甲状腺肿大，还能预防动脉硬化，降低胆固醇与脂的积聚。

◎ **止血降压**：海带中含有褐藻酸钠盐，具有降压作用，还能预防白血病和骨痛病，对动脉出血也有止血作用，口服可减少放射性元素锶-90在肠道内的吸收。

◎ **降血脂**：海带中含有的淀粉能有效降低血脂。

TIPS

因海带含有褐藻胶物质，在食用时不易煮软，可以将成捆的干海带打开，放在蒸笼蒸半个小时，再用清水泡上一夜，就会变得脆嫩软烂。

 食材清洗

①将海带放进淘米水中，浸泡约15分钟。

②用手搓洗海带。

③将海带用清水冲洗干净，沥去水分即可。

 食材加工

①取海带对半切开，取其中的一半，卷起来。

②用直刀从海带卷的边缘开始切。

③将海带全部切成均匀的细丝即可。

芝麻双丝海带

| 烹饪时间：2分钟 | 营养功效：增强免疫力

🌶 原料

水发海带85克，青椒45克，红椒25克，姜丝、葱丝、熟白芝麻各少许

🍲 调料

盐、鸡粉各2克，生抽4毫升，陈醋7毫升，辣椒油6毫升，芝麻油5毫升

🍴 做法

❶洗好的红椒切开，去籽，再切细丝。

❷洗净的青椒切开，去籽，再切细丝。

❸洗好的海带切细丝，再切长段。

❹锅中注入适量清水烧开，倒入海带拌匀，煮至断生。

❺放入青椒、红椒，拌匀，略煮片刻。

❻捞出食材，沥干水分，待用。

❼取一个大碗，倒入焯过水的材料，放姜丝、葱丝拌匀。

❽加入所有调料，撒上熟白芝麻拌匀，盛出装盘即可。

黄花菜拌海带丝

烹饪时间：3分钟 | **营养功效：降低血压**

🌶️ 原料

水发黄花菜100克，水发海带80克，彩椒50克，蒜末、葱花各少许

🍲 调料

盐3克，鸡粉2克，生抽4毫升，白醋5毫升，陈醋8毫升，芝麻油少许

🍴 做法

❶将洗净的彩椒切粗丝，备用。

❷洗净的海带切块，再切成细丝，备用。

❸锅中注水烧开，淋上白醋拌匀。

❹倒入海带丝略煮，倒入洗净的黄花菜，加入盐拌匀。

❺放入彩椒丝拌匀，续煮至食材熟透，捞出待用。

❻把焯煮熟的食材装入碗中，撒上蒜末、葱花。

❼加入盐、鸡粉，淋入生抽、芝麻油、陈醋，拌匀入味。

❽取一个干净的盘子，盛入拌好的食材，摆好盘即成。

❶将洗净去皮的胡萝卜切薄片，再切细丝，备用。

❷锅中注水烧开，放入洗净的海带丝，大火煮熟，捞出。

❸取一个大碗，放入海带丝，撒上胡萝卜丝、蒜末。

❹加入盐、生抽、蚝油，淋上陈醋，拌至食材入味。

蒜泥海带丝

▎烹饪时间：4分钟　　▎营养功效：增强免疫力

🌶 原料

水发海带丝240克，胡萝卜45克，熟白芝麻、蒜末各少许

🍲 调料

盐2克，生抽4毫升，陈醋6毫升，蚝油12克

制作指导：

盛盘后最好再浇上少许热油，这样菜肴的味道会更香。

❺另取一个盘子，盛入拌好的菜肴，撒上熟白芝麻即成。

黄豆芽拌海带

▌ 烹饪时间：3分钟 ▌ 营养功效：开胃消食

🌶 原料

黄豆芽120克，海带300克，胡萝卜50克，蒜末、葱花各少许

🍲 调料

盐5克，鸡粉2克，白糖3克，生抽2毫升，陈醋3毫升，芝麻油2毫升，食用油适量

🍴 做法

❶将洗净的海带切方块，改切成丝。

❷去皮洗净的胡萝卜切片，改切成丝。

❸锅中注入适量清水烧开，放入食用油，加3克盐。

❹放入胡萝卜、黄豆芽拌匀，煮半分钟，下入海带煮熟。

❺把锅中焯煮好的食材捞出，装入碗中。

❻加入盐、鸡粉、白糖、生抽、陈醋。

❼放入备好的蒜末、葱花。

❽淋入芝麻油，用筷子搅拌匀，盛出装盘即可。

芹菜拌海带丝

| 烹饪时间：4分钟 | 营养功效：降低血压

🌶 原料

水发海带100克，芹菜梗85克，胡萝卜35克

🍲 调料

盐3克，芝麻油5毫升，凉拌醋10毫升，食用油少许

🍴 做法

❶将洗好的芹菜梗切成小段。

❷洗净去皮的胡萝卜切成片，再切成丝。

❸洗好的海带切方块，再切成粗丝。

❹锅中注入适量清水烧开，加入盐、食用油。

❺倒入海带丝，放入胡萝卜丝，搅拌均匀，煮约1分钟。

❻再倒入切好的芹菜梗拌匀，煮至全部食材断生后捞出。

❼把焯煮过的食材装入碗中，加入盐，倒入凉拌醋。

❽再淋入芝麻油，搅拌至食材入味，盛入盘中即成。

⚔ 做法

❶将洗净的海带切成丝；洗好的彩椒去籽，切成丝。

❷锅中注水烧开，加少许盐、食用油，放入彩椒搅匀。

❸倒入海带拌匀，煮约1分钟至熟，把焯煮好的食材捞出。

❹将彩椒和海带放入碗中，倒入备好的蒜末、葱花。

❺加入生抽、盐、鸡粉、陈醋、芝麻油，拌匀调味即成。

海带拌彩椒

▌烹饪时间：3分钟　　▌营养功效：增强免疫力

🌶 原料

海带150克，彩椒100克，蒜末、葱花各少许

🍲 调料

盐3克，鸡粉2克，生抽、陈醋、芝麻油、食用油各适量

制作指导：

海带不易煮软，可先将海带放在蒸笼蒸半小时，再煮就会变得脆嫩软烂。

PART 5
美味沙拉

沙拉是一种非常营养健康的美食，大多不必加热，因此可最大限度确保蔬菜中的各种营养不至于被破坏或流失。沙拉的品种繁多，蔬菜、水果、鱼类、肉类都可以成为沙拉的主料，而同一种主料加上不同的配料，也能简单变成另一种沙拉。本章就教大家沙拉的多种日常做法，让你在家也能享受到美味沙拉。

蔬菜水果沙拉

五彩鲜果沙拉

| 烹饪时间：2分钟 | 营养功效：增强免疫力

🌶️ 原料

芒果40克，奇异果50克，香蕉40克，酸奶50克，圣女果30克，火龙果50克

🍲 调料

沙拉酱少许

🍴 做法

❶洗净的圣女果对半切开。

❷洗净去皮的奇异果切厚片，再切条切丁，备用。

❸洗净去皮的芒果、火龙果、香蕉均切条后切丁。

❹取一个碟，将圣女果摆放好待用。

❺取碗，放入香蕉、芒果、火龙果、奇异果，拌匀。

❻将拌好的水果倒入碟子中，倒入酸奶，挤上沙拉酱即可。

燕麦片果蔬沙拉

| 烹饪时间：4分钟 | 营养功效：保肝护肾

🥕 原料

橙子100克，西红柿80克，燕麦片80克，甜瓜50克，酸奶50克

制作指导：

喜欢甜一点的可以在酸奶中加入蜂蜜或糖拌匀，再倒入果蔬中。

🍴 做法

① 洗净的甜瓜、西红柿去皮，切小块；洗净的橙子切片。

② 锅中注入清水烧开，倒入燕麦片，大火煮5分钟至熟。

③ 关火后将煮好的燕麦片捞出，泡入凉水中，待冷却。

④ 冷却后捞出沥干，放入碗中，倒入甜瓜、西红柿拌匀。

⑤ 取碗，摆放好橙子，加入拌好的食材，浇上酸奶即可。

做法

①洗净去皮的莲藕切薄片；洗净的花菜切成小朵待用。

②锅中注水大火烧开，倒入藕片、花菜，焯煮至断生。

③将食材捞出放入凉水中，冷却后捞出食材。

④将食材装入碗中，放入盐、白糖、白醋，拌匀。

⑤将拌好的菜肴装盘，挤上沙拉酱，放上圣女果装饰即可。

藕片花菜沙拉

▌烹饪时间：3分钟　　▌营养功效：养心润肺

原料

花菜60克，莲藕70克

调料

白糖2克，白醋5毫升、盐、沙拉酱各少许

制作指导：

焯好的食材也可以放到冰水里冰镇片刻，口感会更爽脆。

四色果蔬沙拉

┃ 烹饪时间：2分钟 ┃ 营养功效：开胃消食

🌶 原料

黄瓜50克，紫甘蓝50克，木瓜50克，柠檬25克，酸奶20克，圣女果50克

🍲 调料

蜂蜜少许

🍴 做法

① 洗净去皮的木瓜切成条，改切丁。

② 洗净的圣女果对半切开。

③ 洗净去皮的黄瓜切成条，改切成丁。

④ 处理好的紫甘蓝切成块状待用。

⑤ 取一个碗，倒入紫甘蓝、黄瓜、木瓜，搅拌匀。

⑥ 在碗中挤上柠檬汁，拌匀。

⑦ 取一个盘子，摆上圣女果，待用。

⑧ 将拌好的食材倒入盘中，浇上酸奶、蜂蜜调味即可。

生菜南瓜沙拉

▎烹饪时间：5分钟 ▎营养功效：增强免疫力

🌶 原料

生菜70克，南瓜70克，胡萝卜50克，牛奶30毫升，紫甘蓝50克

🍲 调料

沙拉酱、番茄酱适量

🍴 做法

❶洗净去皮的胡萝卜切成厚片，切条切丁，备用。

❷洗净去皮的南瓜切成粗条，再切成丁。

❸择洗好的生菜切成块，备用。

❹洗净的紫甘蓝对切开，切成丝。

❺锅中注水烧开，倒入胡萝卜、南瓜，焯煮至断生。

❻倒入紫甘蓝略煮，捞出放入凉水中，冷却后捞出。

❼将焯好的食材装入碗中，放入生菜，搅拌均匀。

❽取盘子，倒入蔬菜、牛奶，挤上沙拉酱、番茄酱即可。

生菜紫甘蓝沙拉

▌烹饪时间：2分钟 ▌营养功效：增强免疫力

🌶 原料

生菜100克，紫甘蓝100克

🍲 调料

白糖2克，白醋5毫升，盐、香油、沙
酱各少许

制作指导：

加入调料后可以静置片
刻，使菜更入味。

🍴 做法

❶择洗好的生菜对切
开，再切成小块。

❷洗净的紫甘蓝切成
小块。

❸取一个碗，倒入生
菜、紫甘蓝，拌匀。

❹加入盐、白糖、白
醋、香油，搅拌匀。

❺取一个盘中，倒入
拌好的蔬菜，挤上沙
拉酱即可。

做法

① 洗净的黄瓜切粗条，改切成丁。

② 锅中注入适量清水烧开，倒入洗净的玉米粒，焯煮片刻。

③ 关火，将焯煮好的玉米粒捞出，放入凉水中冷却。

④ 捞出冷却的玉米放入碗中，加黄瓜拌匀，倒入盘中。

⑤ 挤上沙拉酱，放上罗勒叶、圣女果装饰即可。

玉米黄瓜沙拉

■ 烹饪时间：4分钟　■ 营养功效：降低血糖

原料

去皮黄瓜100克，玉米粒100克，罗勒叶、圣女果各少许

调料

沙拉酱10克

制作指导：

可以根据自己的口味，加入其他调料。

柠檬彩蔬沙拉

▍烹饪时间：4分钟 ▍营养功效：增强免疫力

🌶 原料

生菜60克，柠檬20克，黄瓜50克，胡萝卜50克，酸奶50克

🍲 调料

蜂蜜少许

🍴 做法

❶择洗好的生菜用手撕成小段，放入碗中，备用。

❷洗净去皮的胡萝卜切粗条，再切成丁。

❸洗净去皮的黄瓜切成条，改切成丁。

❹洗净的柠檬切成薄片，备用。

❺锅中注水大火烧开，倒入胡萝卜搅匀，煮至断生。

❻将胡萝卜捞出，沥干水分待用。

❼将黄瓜丁、胡萝卜丁倒入装有生菜的碗中，搅拌匀。

❽取盘，摆上柠檬片、拌好的食材，浇上酸奶、蜂蜜即可。

白菜玉米沙拉

▍烹饪时间：5分钟 ▍营养功效：健脾止泻

🌶 原料

生菜40克，白菜50克，玉米粒80克，去皮胡萝卜40克，柠檬汁10毫升

🍲 调料

盐2克，蜂蜜、橄榄油各适量

🍴 做法

❶洗净的胡萝卜切片，切成丁。

❷洗好的白菜切条形，改切成块。

❸洗净的生菜切块。

❹锅中注水烧开，倒入胡萝卜、玉米粒、白菜焯水。

❺关火后将焯好的蔬菜过凉水，冷却后捞出，待用。

❻放入生菜，拌匀。

❼加入盐、柠檬汁、蜂蜜、橄榄油。

❽用筷子搅拌均匀，倒入盘中即可。

牛蒡沙拉

▌烹饪时间：3分钟　▌营养功效：降低血脂

🌶 **原料**

牛蒡150克，熟白芝麻少许

🍲 **调料**

盐2克，生抽4毫升，白醋15毫升、沙拉酱、橄榄油各适量

🍴 **做法**

❶将去皮洗净的牛蒡切菱形片。

❷取一碗，放入切好的牛蒡，注入清水。

❸淋上白醋拌匀，静置约5分钟，去除异味后捞出待用。

❹锅中注入适量清水烧开，倒入牛蒡。

❺焯煮一会儿，至其断生后捞出，沥干水分，备用。

❻取一大碗，倒入焯好的牛蒡，撒上熟白芝麻，搅散。

❼加入盐、生抽，注入橄榄油，匀速搅拌至食材入味。

❽另取一盘，盛入拌好的菜肴，挤上沙拉酱即可。

做法

❶ 洗净的胡萝卜切片；洗好的彩椒切片，备用。

❷ 洗净的口蘑切块；洗好的土豆切片。

❸ 锅中注水烧开，倒入土豆、口蘑、胡萝卜、彩椒焯水。

❹ 将焯煮好的食材捞出，放入凉水中，冷却后装入碗中。

❺ 加入盐、橄榄油、胡椒粉拌匀，装盘挤上沙拉酱即可。

彩椒鲜蘑沙拉

▌烹饪时间：5分钟　　▌营养功效：增强免疫力

🌶 原料

去皮胡萝卜40克，彩椒60克，口蘑50克，去皮土豆150克

🍲 调料

盐2克，橄榄油10毫升，胡椒粉3克，沙拉酱10克

制作指导：

切好的土豆要放入水中浸泡，这样可防止其氧化变黑。

❶洗净的苹果切开，去核，切成片。

❷取一盘，摆放上柑橘瓣、苹果。

❸浇上酸奶。

❹放上圣女果做装饰即可。

酸奶柑橘沙拉

▌烹饪时间：2分钟　▌营养功效：增强免疫力

🌶 原料

去皮苹果200克，柑橘瓣150克，酸奶40克，圣女果少许

制作指导：

吃的时候要搅拌一下，这样味道更均匀，口感也更好。

菠菜柑橘沙拉

▌烹饪时间：2分钟 ▌营养功效：益气补血

原料

菠菜100克，柑橘90克，香瓜70克，酸奶15克

调料

沙拉酱少许

做法

①洗净去皮的香瓜切成小块待用。

②择洗好的菠菜切成均匀的小段。

③锅中注水烧开，倒入菠菜搅匀，焯煮片刻至断生。

④将菠菜捞出放入凉水中放凉，捞出沥干水分，装入碗中。

⑤将香瓜块倒入菠菜中，搅拌片刻。

⑥取一个盘子，摆放好柑橘。

⑦倒入拌好的香瓜、菠菜。

⑧倒入备好的酸奶，挤上沙拉酱即可。

❶洗净的黄桃切开，去核，切小块。

❷洗好的黄瓜切开，用斜刀切小块。

❸取一个碗，倒入切好的黄瓜、黄桃。

❹淋入苹果醋，加入白糖、盐。

❺搅拌均匀，至食材入味，盛出装入盘中即成。

鲜桃黄瓜沙拉

▌烹饪时间：1分钟　▌营养功效：开胃消食

🌶 原料

黄瓜120克，黄桃150克

🍲 调料

盐1克，白糖3克，苹果醋15毫升

制作指导：

食材拌好后可放入冰箱冷藏一会再取出食用，这样口感更佳。

做法

❶ 将洗净的黄瓜切开，再切薄片。

❷ 洗好的圣女果对半切开；备好的菠萝肉切小块。

❸ 取一大碗，倒入黄瓜片，放入切好的圣女果。

❹ 撒上菠萝块，快速搅匀，使全部食材混合均匀。

❺ 取一盘，盛入拌好的食材摆好，挤上沙拉酱即可。

菠萝黄瓜沙拉

▌烹饪时间：1分钟　▌营养功效：清热解毒

原料

菠萝肉100克，圣女果45克，黄瓜80克

调料

沙拉酱适量

制作指导：

菠萝块最好用淡盐水浸泡一会，菜肴的口感会更好。

❶土豆洗净，切条；
绿豆芽洗净，切段；
韭菜洗净，切小段。

❷锅中注水烧开，倒
入土豆、绿豆芽、韭
菜，焯煮片刻。

❸关火，将焯煮好的
食材捞出，放入装有
凉水的碗中。

❹冷却后捞出，沥干
水分，装入碗中。

银芽土豆沙拉

▌烹饪时间：4分钟　▌营养功效：清热解毒

🌶 原料

去皮土豆60克，韭菜40克，绿豆芽50
克，酸奶15毫升，蛋黄酱少许

制作指导：

切好的土豆要立即放入
凉水中浸泡，以防止其
氧化变黑。

❺倒入备好的盘子
中，浇上酸奶，挤上
蛋黄酱即可。

肉类海鲜沙拉

开心果鸡肉沙拉

| 烹饪时间：3分钟 | 营养功效：开胃消食

🌶 原料

鸡肉、苦菊各300克，开心果仁25克，圣
女果20克，柠檬50克，酸奶20毫升

🍲 调料

胡椒粉1克，料酒5毫升，芥末少许，橄榄油
5毫升

🍴 做法

❶ 洗好的圣女果去
蒂，对半切开。

❷ 洗净的苦菊切段。

❸ 洗好的鸡肉切粗
条，再切大块。

❹ 锅中注水烧开，倒
入鸡肉，加入料酒，
氽去血水，捞出。

❺ 柠檬汁挤入酸奶，
加胡椒粉、芥末、橄
榄油，制成沙拉酱。

❻ 取碗，放入鸡肉、圣
女果、苦菊、开心果仁，
倒入沙拉酱拌匀即可。

秋葵鸡肉沙拉

| 烹饪时间：4分钟 | 营养功效：保护视力

🌶 原料

秋葵90克，鸡胸肉块100克，西红柿110克，柠檬35克

🍲 调料

盐2克，黑胡椒粉少许，芥末酱10克，橄榄油、食用油各适量

🍴 做法

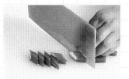

①将洗净的秋葵切去头尾，斜刀切段。

②洗好的西红柿切开，再切小块。

③用油起锅，放入洗净的鸡胸肉块，煎至两面断生。

④关火后盛出肉块，放凉后切成小块。

⑤锅中加水烧开，放入秋葵，焯煮至断生后捞出，待用。

⑥取一大碗，倒入焯煮好的秋葵，放入鸡胸肉块。

⑦倒入西红柿块，拌匀，挤入柠檬汁，加入盐、芥末酱。

⑧撒上黑胡椒粉，淋入橄榄油，拌至食材入味即可。

✕ 做法

❶洗净的圣女果对半切开；洗净的苹果切瓣、去核。

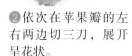

❷依次在苹果瓣的左右两边切三刀，展开呈花状。

❸将熟金枪鱼肉切成小块。

❹在苹果上摆放圣女果、熟金枪鱼肉待用。

❺取碗加沙拉酱、白糖、山核桃油搅匀，浇在食材上即可。

金枪鱼水果沙拉

▍烹饪时间：2分钟　▍营养功效：益智健脑

🌶 原料

熟金枪鱼肉180克，苹果80克，圣女果150克

🍲 调料

山核桃油适量，白糖3克，沙拉酱50克

制作指导：

鱼肉可以撕碎点，口感会更好。

土豆金枪鱼沙拉

┃ 烹饪时间：8分钟 ┃ 营养功效：开胃消食

🌶️ 原料

土豆150克，熟金枪鱼肉50克，玉米粒40克，蛋黄酱30克，洋葱15克，熟鸡蛋1个

🍲 调料

盐少许，黑胡椒粉2克

🍴 做法

❶土豆洗净去皮，切块；洋葱洗净切丁；熟金枪鱼肉撕小片。

❷取熟鸡蛋去壳，对半切开，再切小瓣。

❸锅中注水烧开，倒入洗净的玉米粒，煮至断生，捞出。

❹取碗，倒蛋黄酱、洋葱丁，加黑胡椒粉、盐，制成酱料。

❺蒸锅置火上烧开，放入土豆块蒸熟，取出放凉待用。

❻取一个大碗，放入土豆块、玉米粒，放入熟金枪鱼肉。

❼加入调好的酱料，拌匀至食材入味。

❽将拌好的沙拉盛入盘中，放上熟鸡蛋，摆好盘即成。

鲜虾紫甘蓝沙拉

▍烹饪时间：3分钟　▍营养功效：降低血压

 原料

虾仁70克，西红柿130克，彩椒50克，紫甘蓝60克，西芹70克

🍲 调料

沙拉酱15克，料酒5毫升，盐2克

🍴 做法

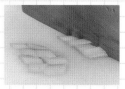

❶洗净的西芹切条，再切成段。

❷洗好的西红柿对半切开，切成瓣。

❸洗好的彩椒切条，再切成小块。

❹洗净的紫甘蓝切成小块，备用。

❺锅中注水烧开，放入盐，倒入西芹、彩椒、紫甘蓝拌匀。

❻煮至断生，将焯煮好的食材捞出，沥干水分，待用。

❼洗净的虾仁入沸水锅，淋入料酒，煮熟后捞出，备用。

❽将所有材料倒入碗中，加入沙拉酱拌匀即可。

鱿鱼海鲜沙拉

| 烹饪时间：4分钟 | 营养功效：增强免疫力

原料
鱿鱼100克，净虾仁50克，生菜100克

调料
沙拉酱20克，炼乳15克，料酒少许

制作指导：

鲜鱿鱼需煮熟后再食，因其含有一种多肽成分，若未煮透就食用，会导致肠胃运动失调。

做法

❶ 洗净的鱿鱼切上花刀，切小块；洗净的生菜切碎丝。

❷ 锅中加入适量清水烧开，倒入鱿鱼，放入料酒拌匀。

❸ 倒入处理好的虾仁，汆至转色，捞出，备用。

❹ 把鱿鱼、虾仁装入干净的碗中，加入切好的生菜丝。

❺ 放入沙拉酱、炼乳，搅拌入味，把拌好的材料装盘即成。

三文鱼沙拉

▎烹饪时间：2分钟　　▎营养功效：降低血压

🌶 原料

三文鱼90克，芦笋100克，熟鸡蛋1个，
柠檬80克

🍲 调料

盐3克，黑胡椒粒、橄榄油各适量

🍴 做法

❶洗好的芦笋去皮，切成段。

❷煮熟的鸡蛋去壳，切成小块。

❸处理好的三文鱼切片，备用。

❹锅中注水烧开，加入盐、食用油，倒入芦笋段焯水，捞出。

❺碗中放入芦笋、三文鱼，挤入柠檬汁，加入黑胡椒粒。

❻放入盐，搅拌均匀，淋入橄榄油，搅拌均匀。

❼至食材入味，夹出芦笋，摆入盘中，放入鸡蛋。

❽再放入拌好的三文鱼、剩余的芦笋，摆好盘即可。